基于融资约束的农户农机购置行为及融资租赁选择偏好研究

王彦东　乔光华　著

中国财经出版传媒集团
经济科学出版社
Economic Science Press

图书在版编目（CIP）数据

基于融资约束的农户农机购置行为及融资租赁选择偏好研究/王彦东，乔光华著．--北京：经济科学出版社，2022.12

ISBN 978-7-5218-4456-6

Ⅰ.①基… Ⅱ.①王…②乔… Ⅲ.①农业机械-选购-研究 Ⅳ.①S220.7

中国国家版本馆 CIP 数据核字（2023）第 014041 号

责任编辑：王晗青
责任校对：靳玉环
责任印制：邱　天

基于融资约束的农户农机购置行为及融资租赁选择偏好研究

王彦东　乔光华　著

经济科学出版社出版、发行　新华书店经销

社址：北京市海淀区阜成路甲 28 号　邮编：100142

总编部电话：010-88191217　发行部电话：010-88191522

网址：www.esp.com.cn

电子邮箱：esp@esp.com.cn

天猫网店：经济科学出版社旗舰店

网址：http：//jjkxcbs.tmall.com

北京时捷印刷有限公司印装

710×1000　16 开　16.25 印张　230000 字

2022 年 12 月第 1 版　2022 年 12 月第 1 次印刷

ISBN 978-7-5218-4456-6　定价：62.00 元

（图书出现印装问题，本社负责调换。电话：010-88191510）

前　言

在农业现代化发展过程中，农业机械化既是发展现代农业的重要物质基础，也是农业现代化重要的技术支撑，农业机械对于提升农牧业生产率非常重要。农业机械化水平的不断提高是农业现代化发展过程的必然趋势，也是农业现代化的重要标志。但是近年来众多因素造成我国的农业机械化面临发展瓶颈，农机行业供给侧改革结构性调整是一个方面，而农机购置的有效需求不足也是一个重要的因素。农业机械购置投资相对来说是农户最大额的生产性投资，农户自身积累的内源性融资往往难以满足购机资金需求，而不成熟的农村金融市场普遍存在信贷配给情况，信贷需求往往难以得到满足。那么农户农机购置是否面临融资约束？不同类型的融资约束是否会影响农户农机购置行为？近年发展起来的融资租赁业务，政府将其视为解决满足农村金融市场多样化需求的重要金融创新服务，农机融资租赁作为一项有效缓解农机购置融资约束的金融创新服务得到了各方面的大力提倡。但是，一项金融服务产品的创新除了基于供给侧的考虑以外更应该基于需求者的视角进行设计，承租者农户作为参与主体是否愿意参与以及倾向于什么样的融资租赁合约方案是值得探讨的。鉴于此，本书选取通过对内蒙古部分盟市的农牧区进行调研获得一手实地调研数据，基于融资约束的视角对农户的农机购置行为以及农机融资租赁选择偏好进行研究，总结农户农机购置行为特征以及农机融资租赁的选择意愿及偏好，并提出进一步优化农机融资租赁业务，缓解融资约束，促进农业机械化发展的政策建议。

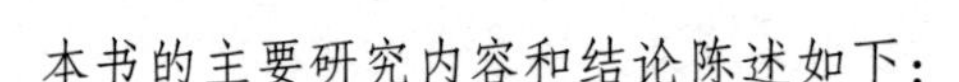

本书的主要研究内容和结论陈述如下：

(1) 尽管农业机械化发展进入结构性调整期，但是农机购置需求依然旺盛，农户的自有财力无法满足购买大型农机具的资金需求。农村普遍存在“小型农机无须融资，大型农机无处融资”现象。现有融资的金融机构渠道以农村信用社为主，农机融资困难在于贷款额度小、利率高、到账时间长和周期不灵活，农户在购买农机时存在结构性融资约束问题。

(2) 基于农户农机购置的融资需求的调研数据，应用直接识别法识别在农农户普遍面临融资约束问题。进一步研究表明，通过实证检验发现农户是否受融资约束是影响农户农机购置意愿和规模的重要因素。其中需求型融资约束并不会影响农户农机购置意愿和购置规模，而供给型融资约束对农户农机购置意愿和购置规模均有显著影响。除了本书重点探讨的融资约束因素以外，农户个人特征、家庭经营特征等因素的研究结论基本和以往的研究文献一致。

(3) 基于承租人视角探讨农户对农机融资租赁的认知及参与意愿，分析影响农户参与农机融资租赁的主要因素。农机购置过程中受到融资约束是选择参与农机融资租赁的前提。农户除了基于自身条件的考虑，更关注农机融资租赁业务的费率水平、融资期限、抵押担保、增值服务等方面的属性，其中抵押担保影响最大、其次是融资周期、最后是增值服务。而不同特征的农户对于这些属性的偏好也存在一定异质性，农户对不同属性的支付意愿也不同。所以要想推广农机融资租赁业务，必须从农户的需求出发设计合约，创新模式。

(4) 基于上述研究结论最后提出加大政府支农政策力度，破解农户农机购置需求的融资约束；加强新型金融模式宣传，提高农户农机融资租赁认知水平；加快模式和服务方式创新，增强农机融资租赁的市场竞争力；建立完善的风险防控体系，维护农机融资租赁各参与主体利益；营造良好农村金融生态环境，引导农机融资租赁行业健康发展等几个方面的对策建议。

本书的创新点主要体现在以下三个方面：(1) 从融资约束的视角研究农户农机购置行为。从农村金融市场供求特征的角度为农户个人农机投资不足提供新的解释，以期为国家下一步出台促进农业机械化发展的政策提供理论借鉴。(2) 从承租方的微观视角研究农户农机融资租赁的参与意愿，结合农户农机购置行为分析基于缓解农户农机购置融资约束的目的进行实证分析，以期对这方面的文献做一点有益补充。(3) 应用选择实验法分析农户农机融资租赁属性的选择偏好。应用选择实验法探究农户对于农机融资租赁属性的偏好及其支付意愿，以期为承租方在设计农机融资租赁合同方案或者国家出台鼓励农机融资租赁发展政策建议时提供现实参考。

目录
CONTENTS

第1章 绪论

1.1 研究背景与意义

1.1.1 选题背景

随着社会经济的发展，我国农村发展滞后问题凸显，农业现代化成为我国现代化建设中最薄弱的环节，农业发展问题刻不容缓、亟待解决。党的十六大“三农”问题的提出，标志着我国把农村、农民和农业问题提到了前所未有的高度；党的十七大报告在阐述如何统筹城乡发展、推进社会主义新农村建设时强调指出，要走中国特色农业现代化道路；党的十八大指出：解决好“三农”问题是全党工作的重中之重，要坚持把国家基础设施建设和社会事业发展重点放在农村。在这些政策背景下，近年来促进农业发展的新政策、新法规不断颁布并实施。良种补贴、粮食补贴、农机购置补贴等政策的颁布与实施表明：关心农业发展、关注农村进步、关怀农民成长已成为我国政策导向中重要的一部分。在农业现代化发展过程中，农业生产效率提升的关键在于农业机械化，而农业机械化既是农业现代化发展的物质基础，也是农业现代化重要的技术支撑。农业机械化水平的提高是农业现代化发展的

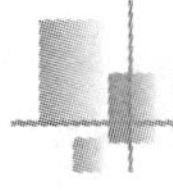

必要前提，也是农业现代化的重要体现。

改革开放之前，合作社经营在短期内促进了农业机械化的发展，但是没有从根本上改变我国农业以人力和畜力为主的生产方式。家庭联产承包责任制的农地制度的确立，成为我们后续农业机械化发展的基础。经过多年的发展，目前我国农业机械化发展水平已经整体处于中级阶段，但是也存在区域发展不平衡的问题，部分薄弱产业和薄弱区域的机械化率与目标差距较大，是制约农业机械化发展的瓶颈，也是“十四五”农业机械化发展面临的重大挑战。而随着农村集体经济逐渐退出以及农村土地承包制度预期稳定性增强，在农村的市场经济发展过程中，以农户为主的个人投资逐步成为中国农业机械投资的主体，而且农户私人对农业机械投资的规模和比例在逐年上升。而农业机械作为农户相对较大规模投资需要解决的一个核心问题就是所需资金。农业机械化的发展离不开金融支持，农村金融体系建设对实现农业现代化具有重要的促进作用。因为传统农户的资本积累无法满足农业生产过程中的大规模资金需求。要实现传统农业的升级以及实现农牧业机械化、现代化最关键的问题就是解开农村金融供求关系的死结以解决资金问题，要破除农村金融体系的制度障碍，提高农牧户信贷的可得性。但是在传统的金融体系中，由于农村金融市场交易成本高、风险大、规模经济缺乏，拓展农村金融面临诸多挑战，所以农户的金融需求在很大程度上受金融配给的影响。近些年国家中央一号文件连续十六年发布了针对农村金融发展问题的政策部署，旨在加强对农村发展的金融支持力度，提出要“发展普惠金融”，这给推动农村金融服务、破解农民贷款难的问题释放了积极信号。经过多年的改革与探索，基本上形成了以中国农业银行、农业发展银行、农村信用社、邮政储蓄银行等为主体的农村金融市场，以村镇银行、小额贷款公司、农村资金互助组、互联网金融等新兴金融机构为补充的农村金融体系。然而，农村金融体系仍存在信贷资金供给不足、市场竞争不充分、金融机构定位不清晰、金融服务体系不健全、农村资金大量外流等诸多问题。因此，农业机械

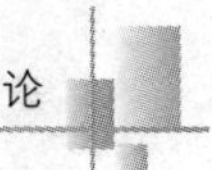

化进程中，农户依然受到较大的融资约束。现阶段如何深化农村金融体制改革，提高农村金融服务效率，成为当前乃至今后支持农业机械化投资，实现农业现代化发展的关键。

融资租赁作为仅次于银行贷款的第二大融资渠道，合理的发展和利用将能有效缓解农户农机投资的融资约束。在许多欧美发达国家，农机市场上的农机融资租赁渗透率已达到15%～30%。近年来，融资租赁在我国农村金融市场作为一种新型的融资方式，其发展受到了广泛的关注。2014年以来，农机融资租赁方式的应用得到了国务院、银监会（现银保监会，2018年3月，第十三届全国人民代表大会第一次会议表决通过了关于国务院机构改革方案的决定，设立中国银行保险监督管理委员会）与农业部（现农业农村部，2018年3月13日，十三届全国人大一次会议审议国务院机构改革方案，组建农业农村部，不再保留农业部）的肯定和在政策上的支持。在2014年4月16日李克强总理主持召开国务院常务会议上，强调通过开展农机金融租赁服务、创新抵押与质押担保方式、发展农村产权交易市场培育农村金融市场。2014年7月31日，银监会与农业部联合发布的《关于金融支持农业规模化生产和集约化经营的指导意见》中特别指出："大力发展涉农租赁业务，鼓励金融租赁公司将支持农业机械设备推广、促进农业现代化作为涉农业务重点发展领域，积极创新涉农租赁新产品。"2014年8月1日农业部进一步出台了《关于推动金融支持和服务现代农业发展的通知》，鼓励推动组建主要服务"三农"的融资租赁公司，鼓励各类融资租赁公司开展大型农业机械设备、设施的融资租赁服务。2015年2月1日发布的《关于加大改革创新力度加快农业现代化建设的若干意见》中第一次明确提出要"开展大型农机具融资租赁试点"。并且在2015年8月26日的国务院常务会议确定加快融资租赁和金融租赁行业发展的措施后，国务院办公厅连续发布的《关于加快融资租赁业发展的指导意见》和《关于促进金融租赁行业健康发展的指导意见》两个文件中重点提到了利用融资租赁模式发展农业机

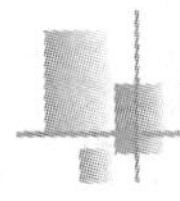

械及生物性资产等发展方向和措施。2018 年国务院常务会议及银监会、农业部发布的相关文件中多次提及农机租赁。2018 年 4 月国务院常务会议强调了开展农机金融租赁服务的重要性。7 月，银保监会与农业农村部联合发布指导意见，提出大力发展涉农租赁业务，积极创新涉农租赁新产品。8 月，农业农村部出台通知，鼓励推动组建主要服务“三农”的融资租赁公司，鼓励各类融资租赁公司开展大型农业机械设备、设施的融资租赁服务。2019 年 2 月，人民银行、银保监会、证监会、财政部、农业农村部五部委联合发布《关于金融服务乡村振兴的指导意见》，直接提出鼓励企业和农户通过融资租赁业务，解决农业大型机械、生产设备、加工设备购置以及更新资金不足的问题。2019 年 8 月 26 日召开的国务院常务会议上提出对农机等设备融资租赁简化相关登记许可或进出口手续，在经营资质认定上同等对待租赁方式购入和自行购买的设备。这也标志着在农机租赁等涉农的机械及加工设备领域，融资租赁业迎来发展新时期。

发展农机融资租赁有利于存在资金短缺的农民和农业企业等经营主体能够引进先进和实用设备，提高生产要素的使用效率，为农业现代化注入新的活力。随着土地确权制度的稳步推进以及农村土地流转制度的逐步完善，将进一步助推农业机械化发展水平，农业机械购置将成为农户最重要的生产性投资支出。而在农村金融体制不太完善且普遍存在信贷配给的情况下，农机融资租赁业务有利于扩大农机用户的购买能力，解决目前资金不足的购机农户面临的融资约束问题。以上政策文件的出台和发布为积极开展农机融资租赁业务提供了政策上的依据，但是由于种种原因在实践中农机融资租赁并没有对农村金融市场实现快速渗透，而其中作为承租方的农户及其他新型经营主体对于农机融资租赁的认知和选择偏好是一个重要的影响因素。充分的了解和认识农户对农机融资租赁的认知和选择偏好，才能有效发挥农机融资租赁的作用，缓解农机融资约束，促进农业机械化的发展，为乡村振兴战略助力。

1.1.2 研究意义

本书旨在通过理论和实证分析相结合的研究方法，系统甄别农户在农机机械购置过程中存在的融资约束情况，并基于融资约束视角探讨农户的农机购置行为的影响因素，基于农户的微观视角研究融资约束的存在是否会改变农户的农机购置行为，进而影响农业机械化的进程。在此基础上对农户参与农机融资租赁的意愿以及选择偏好进行深入探究。对农户的农机购置行为以及农机融资租赁问题开展深入的理论研究和实证分析，有助于人们从农户微观视角了解影响农业机械购置行为的因素以及其参与农机融资租赁业务的认知和选择偏好，以期能借助金融市场上新型融资方式——融资租赁，以市场行为来缓解农户农机购置所面临的融资约束，这对于促进农业机械化快速发展，推进农业现代化建设进程和实现乡村振兴等有着积极而深远的理论意义与现实意义。

1.1.2.1 理论意义

根据文献整理分析发现，学界关于农户农机投资行为的研究大部分都集中在农机投资和购买意愿的影响因素方面，而关于影响因素的研究已有文献大部分是从个体特征和家庭经营状况的角度去研究的。但是农户内源性融资很难满足农户农机购置需要。当农村金融市场存在严重的信贷配给时，农户面临的融资约束必然会影响其购置行为。本书试图从农村金融市场的供求理论分析入手，将融资约束引入农业机械化购置影响因素的理论分析框架，为研究农户农机购置行为提供一个新的视角。另外，由于融资租赁行业在我国起步比较晚，近年虽然有了长足发展，但是与发达国家相比，仍然有较大差距，无论从宏观层面还是微观层面对于融资租赁的认知都明显不足，而在理论上的研究尤其不足。现有关于融资租赁影响因素的研究大多是以上市公司为例，从承租人的角度探讨企业的税率、财务状况

等因素对企业融资租赁意愿的影响。关于农机融资租赁现有的相关研究，大部分是现状描述和政策分析，而有关定量分析明显不足，相关实证分析也比较粗放，且理论尚不充分。本书基于承租者的微观视角，构建研究农户融资租赁意愿影响因素分析的理论框架，为政府及相关融资租赁机构下一步推广农机融资租赁业务提供理论依据，以期丰富和完善农机融资租赁的相关理论。

1.1.2.2　现实意义

虽然农业机械化水平的不断提高是一个趋势，但是作为一项现代农业工程技术，其发展受到很多因素的影响，既有来自宏观层面的政策影响，又有微观个体层面自然禀赋差异的影响，因而农业机械化投资要因地制宜、因人而异。农业机械化水平的提高，不仅需要国家制度政策的支持和引导，更需要各级地方政府、相关金融机构以及农业生产主体的共同努力。本书旨在从融资约束视角分析农户个体自然禀赋对于农机购置行为和农机融资租赁参与意愿的影响因素，从微观视角厘清农机购置行为的差异性以及选择偏好。以期识别出影响农户农机购置行为的主要因素以及农户对于农机融资租赁属性的选择偏好。重点关注融资约束对农户农机购置行为和农机融资租赁选择偏好的影响。为政府进一步出台和优化实施促进农业机械化发展相关政策提出政策建议，也为农机融资租赁业务在农机市场上的大力推广和普及提供一些启示，以促进融资租赁等新型金融服务模式不断完善和发展，为农业现代化发展注入新动力。

1.2 文献综述

1.2.1 国外相关研究综述

1.2.1.1 农业机械投资影响因素相关研究

目前国内外对农业机械投资需求的相关研究十分丰富，但基于不同的视角所选取的计量模型或者测量指标不尽相同。最早，福克斯（Fox，1966），雷纳（Rayner，1968）等以农用拖拉机为例研究发现农机价格和劳动力购置水平对拖拉机的需求量产生负向影响；戴尔乔根森（Dale Jorgenson，1967）提出以投资均衡模型求解农机需求的观点，认为农户农机投资达到均衡状态的条件是农机租金等于农机价格，而辛格（Singh，1986）的研究指出发展中国家农机发展滞后，所以不满足一般的投资均衡模型条件，因此在应用时要进行修正。乌拉和安迪（MW Ullah and S. Anad，2007）以发展中国家斐济为例研究认为，土地使用权制度、农民收入低下、农机持有规模小、燃油成本和拖拉机租用成本高对农业机械化发展有一定制约，而复杂的地形条件和土壤类型以及持续的恶劣天气也对农业机械化应用起到负面作用。本德（Bender，1990）应用线性规划方法对农业机械进行选择，并应用LP模型的影子价格识别农业机械生产应用过程中的约束因素，进而就农业机械化对劳动力等其他农业生产要素的影响进行了探讨。纳帕斯图温等（Napasintuwong O et al.，2005）研究认为农户对于用农业机械的投资力度受到其生活的自然条件影响，即农户生活的自然条件越差对农业机械化方面的投资占生活总支出的比重就越小。与惠特森（Whitson）等学者的研究相似，约翰克尔（John Kerr，2003）以埃及为例研究发现不同耕地上的拖拉机需求数量及农业机械的生产效率存在差异，并应用线性规划对耕地的农业机械化需求

进行了进一步优化的规划建议。戈尔巴尼和达里贾尼（Ghorbani M and Darijani A，2009）采用Tobit模型和Heckman两阶段法确定影响农机投资的因素和农机投资资金量。研究结果显示，农民的经验和教育水平、种植面积、银行信贷可得性、自有资金、化肥使用和所有权对农业机械投资有正向影响，而年龄、机械租赁对农业机械投资有负向影响。同时，第二阶段的线性回归的结果显示，农民的教育和经验水平，使用化学肥料、家庭劳动力、土地、收获成本、自有资本、银行信用的可用性和所有权对农机投资资金量有积极影响，而年龄、机械租赁对农机投资资金量有负面影响。

关于国家对农业机械化补贴投入的研究中，詹姆斯·鲁姆斯特和加尼什·塔帕（James Roumasset and Ganesh Thapa，1983）指出，发展中国家是否应该对农业机械化进行补贴存在一定的争议，因为机械化的发展会对就业和产出产生很大影响，所以设计机械化政策需要了解机械化选择的决定因素。宾斯旺格（Binswanger H，1986）认为，有限的资本和劳动力生产要素，以及宏观经济的可变因素对农业机械化发展模式和速度产生影响；资金不足、能源成本、农场规模和补贴等经济因素会对农业机械化的发展速度产生影响。索恩卡基尼亚和阿约塔莫诺亚（S. O. Nkakinia and M. J. Ayotamunoa，2006）研究提出，在一定时期内，发展中国家需要对农业机械化进行补贴。乌沙图特贾（Usha Tuteja，2004）的研究指出取消农机补贴后的农机投资支出将由农户全部承担，进而增加农户农业生产经营过程中的私人投入，使得农业的纯收入进一步降低，最终影响整个农业投资水平。杰弗里麦雷马、道尔贝克和大卫卡汉（Geoffrey C. Mrema，Doyle Baker and David Kahan，2008）认为通过对非洲南部一些国家的研究发现由于没有政府持续的政策支持和投资，一些国家的农业机械化发展已经停滞不前。所以他们认为可持续发展的农业机械化不应该由政府公共部门直接提供，而是依靠创造一个有契约关系的市场环境，因为农业机械化可持续发展需要长期的可持续的政策和金融保证，而不是短期的购置补贴。福里斯特尔·德莫特（Dermot Forristal, 2000）认为农业机械化投资的重要性是不言而喻的，农业机械购置类型及农机的利用方法的影响因素有很多，而有效识别会影响农业机械化和农机推广项目的发展，农户一般会通过权衡成本收益来作出最佳选择。克拉克（Clarke L. J. C, 2000）研究认为，以前的计划经济国家，一直把农业机械化投资等同于肥料、种子和农药的投资，而没有考虑其高成本的固定性投资属性及其收益，农户只是把农业机械作为扩大农业生产、提高生产效率和效益的一种工具。

1.2.1.2 农机融资租赁相关研究

融资租赁作为一种新型的融资工具最早于1952年产生于美国，是由出租人与承租人组成契约关系的一种新型融资模式。融资租赁本质上是一种投资活动，但其又具有金融的内在属性，最开始比较广泛应用于制造业领域。最早，韦斯顿（Weston, 1960）以铁路设备融资租赁为例研究认为融资租赁与其他传统的租赁方式最大的不同点在于所有权与使用权的分离，其中出租方有权购置承租方需要的任何东西，但一旦完成融资租赁义务，出租方不能干涉承租方对设备的具体使用。而罗斯（Ross, 2007）的研究表明融资租赁是出租人和承租人签署的租赁合约，合约指出承租人只是获得了合约期内的设备使用权，而设备所有权归出租方。内维特（Nevitt, 2008）认为就传统的融资方式而言，融资租赁则在审批程序、时效性等这些方面有更大优势，所以融资租赁有很大发展是空间。詹姆斯（James, 2001）认为融资租赁在功能上应该进一步挖掘潜力，赋予其融资以外的其他创新型功能，实现参与方的共同利益最大化，提高主体参与的积极性。阿曼巴尔（Amembal, 2002）从税务替代论的角度认为承租人参与融资租赁的动机是通过在租赁期间内对租赁资产加速折旧，最终起到合理避税的效果，因为一般来说融资租赁的租赁期限都会远远小于设备的实际使用年限。

农机租赁相较于其他行业起步相对较晚，学界的研究也相对欠缺。在农

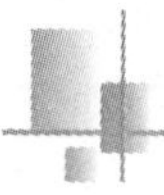

业机械购置过程中需要融资的时候，一般会面临采用贷款方式还是融资租赁购买的选择。大部分学者都对农村开展融资租赁业务的现状以及面临的问题进行探讨。奥兹利（Audsley，1978）明确指出了农业机械对于农业经济发展的重要性，并提出了一些具体的农机租赁方式。加桑（Ghassan，1986）从农业机械的适用范围以及农产品的生产周期方面较为深入地探讨了农机融资租赁的实用性。迪伦和邦苏（Deelen and Osie Bonsu，2002）研究认为农村金融租赁监管成本高、维护费用高、收回成本高是农村融资租赁开展困难主要的影响因素，但是其未提出具体的解决对策。关于如何促进农机融资租赁的发展对策研究，基萨姆（Kisaame，2003）基于出租方的角度考虑认为信用风险是阻碍农机融资租赁市场发展的重要原因。所以，降低出租人面临的信用风险是促进农机融资租赁行业发展的思路。弗拉斯林（Fraslin，2003）的研究在这方面做了有益补充，提出了成立一个联合承租小组，各成员承担连带责任联合担保，通过联合承租小组成员相互监督来降低融资租赁公司的监管成本，从而促进农村融资租赁的发展，另外政府的政策支持是激励融资租赁企业开展农村融资租赁业务，加速农村融资租赁市场发展的有效方式。哈弗斯马克（Havers Mark，1999）提出了将保险和融资租赁有机结合的业务创新融资租赁模式，即承租人在选择进行融资租赁时购买相关的财产险、意外险等方面的综合保险，这样有利于降低农村融资租赁意外风险和违约风险，使租赁公司的资产回收率有所保障，可以大大提高融资租赁公司在农村开展相关业务的积极性。

1.2.1.3 农户融资约束相关研究

在农村金融市场中，特别是发展中国家普遍存在“二元结构”，农户的信贷约束普遍存在。农村金融市场也一直是发展经济学理论的热点问题。国外关于农户融资约束特别是正规的信贷配给方面的研究非常丰富，主要集中在关于农户融资约束的含义、成因、分类以及具体衡量方法，有的学者也探讨了如何缓解农户融资约束的途径。

农村存在融资约束是学者们的普遍共识，关于融资约束的研究更多以正规信贷约束来表示。萨缪尔森（Samuelson，1951）研究认为这种现象是金融机构在追求利润最大化过程中的必然选择。斯蒂格利茨和维斯（Stiglitz and Weiss，1981）将非均衡价格信贷配给定义为以下两种情形：一种情况是同样的一个群体、同样的利率水平，有的人、有的农户得到贷款而有一部分无法被满足；另一种情况是信贷供给确定，信贷供给和利率水平不受约束，而借款者也得不到贷款。当然有学者认为这种信贷约束不单来自供给方面，同时也来自需求层面，巴尔滕斯伯格（Baltensperger，1978）研究认为研究农户的信贷约束问题不仅需要分析供给方面的问题，而且还需要分析需求层面的因素以及供需双方之间的相互作用。关于信贷约束分类的研究相对比较丰富，布歇（Boucher，2008）等的研究按照信贷约束产生的原因系统将信贷约束分为由金融部门的信贷配给形成的供给型信贷约束和由信贷合约的交易成本或风险成本形成的需求型信贷约束两大类。巴尔滕斯伯格（Baltensperger，1978）的观点认为数量信贷配给是信贷配给的主要形式，而如果是因为借款人缺乏足够的担保或抵押品而借贷需求无法被满足的情形则不能称为信贷配给。莫希尔丁和赖特（Mohieldin and Wright，2000）对埃及的农村金融市场研究发现，农户来自正规金融机构的供给型信贷约束主要受到农业收入占总收入的比重、经营土地规模、家庭人口规模等因素的影响；而影响来自非正规金融市场的信贷约束的主要因素有是否拥有非农收入、家庭资产状况等。而贝达斯（Baydas，1994）从需求信贷约束视角研究发现，信贷申请者自动放弃信贷的主要原因是过高的交易成本；保尔森（Paulson，2006）运用泰国农村经验证据研究发现，农户创业所面临的金融约束主因是自身面临的道德风险；阿克拉姆（Akram，2008）等对信贷约束现象进行了分析，认为烦琐的贷款程序也是导致农户放弃正规金融信贷市场因素之一。布歇和卡特（Boucher and Carter，2002）认为非价格信贷配给不单是数

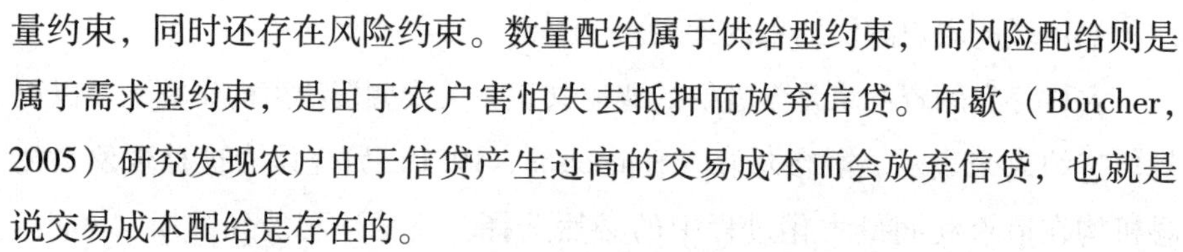

量约束，同时还存在风险约束。数量配给属于供给型约束，而风险配给则是属于需求型约束，是由于农户害怕失去抵押而放弃信贷。布歇（Boucher，2005）研究发现农户由于信贷产生过高的交易成本而会放弃信贷，也就是说交易成本配给是存在的。

关于农户所受到的信贷约束如何衡量也是学界的研究热点，最典型的分类是迪亚尼、泽勒和夏尔马（Diagne A.，M. Zeller and M. Sharma，2000）的研究将衡量方法分为直接衡量和间接衡量两大类。早期研究者衡量的逻辑起点是是否发生的借贷行为。伊克巴尔（Iqbal，1986）、宾斯万格和罗森威格（Binswanger and Rosenweig，1986）认为不能获得贷款的农户主要是受到了信贷约束，不过大多数家庭都会面临着严重的供给型融资约束。但是现实中没有发生信贷交易的原因很多，既可能是缺乏信贷需求，也可能是由于受到其他类型的信贷配给导致的。布歇（Boucher，2002）认为直接衡量法这种简单的定性衡量方法过分夸大了融资约束的严重程度，导致所提出的政策干预措施往往缺乏经验依据的支持。而间接衡量法主要借鉴于企业的融资约束的一些定量衡量方法，从融资约束产生的结果来反向推论是否存在融资约束。比较常见的是塞尔德（Zeldes，1989）提出的检验是否违背生命周期假说或永久收入假说（LC/PIH）；西亚尔和卡特（Sial and Carter，1996）研究指出通过比较资金影子价格与信贷资金成本以及考察随着正规信贷可得性的改变生产活动是否随之调整的融资约束分析方法。以上这些方法都是衡量融资约束程度的定量方法，但是这些定量衡量方法的应用都建立在严格假设条件基础上，现实中往往很难完全满足。正如迪顿（Deaton，1990）指出除了其他因素，融资约束状况还依赖于农户的期初资产状况。布朗宁和卢萨迪（Browning and Lusardi，1996）指出，即使融资约束不存在，仍然存在导致LC/PIH被违背的其他原因。另外间接衡量法不能针对农户个体进行识别也没有办法去分析形成约束的原因。而与间接衡量法相比，直接衡量法的应用更为灵活和广泛。最早使用直接衡量法的格森费德尔等（Gershon Feder

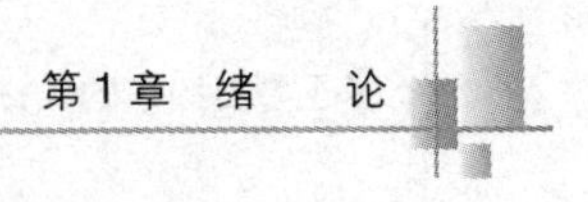

et al.，1990）通过访谈农户信贷需求可获得性，当前利率水平下扩大贷款额度的可能性，还进一步访谈非借款农户未发生借贷的原因，或者是他们对贷款申请被拒绝原因的认知，按照农户的回答结果将融资约束分为完全约束、部分约束和没有约束三类。巴勒姆等（Barham et al.，1996）也按照农户所受融资约束的程度将其分为三类：一是完全约束，具体包括申请贷款但被拒绝以及由于没有抵押担保、交易成本过高、担心失去抵押财产而拒绝申请贷款的情况；二是部分约束，即农户无法足额获得预期的贷款金额的情况；三是未受到约束，具体包括没有融资需求和信贷需求满足程度高的情况。泽勒（Zeller，1994）进一步细化了通过调查直接识别农户融资约束状况的方法，具体分为：（1）农户信贷渠道阻塞。（2）农户信贷满足程度差。（3）农户的借款需求得到完全满足。（4）没有申请贷款的农户。穆辛斯基（Mushinski，1999）认为如果未申请的主要原因是农户确信其贷款申请可能会被拒绝，或者申请贷款需要支付较高的交易成本，这类农户尽管事实上没有申请贷款但具有名义信贷需求。而布歇（Boucher，2002）在上述研究的基础上提出了六种融资约束类型：（1）无融资约束类型，即农户申请贷款并且金额完全得到满足。（2）部分信贷数量供给型约束，即农户申请贷款但是金额不能完全被满足，金融机构只提供部分贷款。（3）完全数量供给型约束，即农户申请贷款但被完全拒绝，或者是因为他们主观上认为贷款申请被拒绝的概率很大而没有申请。（4）价格配给需求型融资约束，即有借款需求农户因为感觉贷款利率太高而放弃申请贷款。（5）风险配给需求型融资约束，即有借款需求的农户因为担心失去抵押品而放弃申请贷款。（6）交易成本配给需求型融资约束，即农户因为利息以外的额外的交易成本太高而放弃申请贷款。

关于如何缓解农户融资约束的研究争议较大，贝斯特（Bester，1985）通过构建模型分析，如果离散均衡存在，金融机构可用抵押物的多寡来设计出一组包含利率和抵押品要求的合约供不同借款挑选，从而揭示其风险特

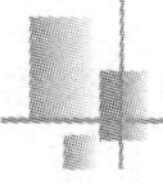

征。一般低利率、高抵押要求意味着低风险客户，而高利率、低抵押要求意味着高风险客户以合同来减少信贷配给约束。但是斯蒂格利茨和维斯（Stiglitz and Weiss，1981）认为提高抵押品要求并不会缓解融资约束。因为提高抵押要求，也许只有富裕家庭能够得到贷款。但是富裕农户可能更愿意承担风险，金融机构仍然会有信贷配给反应。如何缓解农户面临的信贷配给和融资约束依然是一个世界性难题。

1.2.2　国内相关研究综述

1.2.2.1　农业机械投资相关研究

关于农业机械化发展和投资水平的影响因素研究可以概括为宏观和微观两个层面。从宏观层面来看学者对于我国不同地区农业机械化发展水平以及其主要影响因素进行了深入分析。段亚莉等（2011）构建了农业机械化发展水平评价指标体系，利用综合评价法对我国农业机械化发展水平进行评价，认为区域间和区域内部农业机械化发展具有显著差异，且造成差异的本质原因不同。杨敏丽、白人朴（2005）采用有序样本分类法，对我国农业机械化水平进行分类研究，发现各地区在作业、效益、结构、经济、规模和文化等方面所形成的农业机械化发展水平具有明显差异。刘佩军（2007）利用DEMATEL方法对影响东北机械化发展的主要因素进行了剖析，发现农民人均收入与受教育程度、耕地经营规模、农村剩余劳动力转移、农机社会化服务水平等是影响东北农业机械化发展的主要因素。冯荣华（2018）研究了武威市农机发展过程与发展水平，发现传统农业思想、部分农用地利用率低、专业农机推广队伍缺乏制约了武威市农机可持续发展。李卫（2014）利用结构方程模型对农业机械化不平衡性问题进行实证研究，结果表明，影响农业机械化发展水平的因素，按影响程度依次为农业装备水平、经济发展水平、效益因素与人口因素；而影响农业装备水平因素，按影响程度依次为经济发展水平、土地资源禀赋、机械化效益因素、政策环境因素以及人口因素。曹阳、胡继亮（2010）利用中国17个省（区市）的微观调研数据，对我国农业机械化水平影响因素进行研究，研究结果表明，土地规模经济并不是农业机械化的必要条件，农业机械化与土地承包制是相容的，同时，发现我国农业机械化存在明显的区域发展不平衡。潘高翥（2019）利用2007～2016年省级面板数据，构建固定效应模型对农机服务组织对我国农业机械化发展水平的影响进行研究，发现近年来我国农业机械化发展态势良好，且农机服务组织对我国农业机械化发展起到积极作用。侯方安（2008）认为耕地经营规模、农业劳动力转移、政府政策等是我国农业机械化发展的重要因素，形成了中国独特的农业机械化推进机制。周晶等（2013）利用1991～2011年湖北省县级面板数据，构建了地形影响农业机械化水平的分析框架，发现地形是造成农业机械化水平区域差异的主要因素，且地形的阻碍效应为构成地形总效应的主要部分。在此基础上也有相关学者在我国农业机械化水平的提升方面提出了众多科学合理的政策建议。吴昭雄等（2013）利用2000～2012年湖北省农户农业机械化投资有关数据，对农业机械化投资行为影响因素进行剖析，发现农户已成为农业机械化投资的主体，人均收入、亩均收益、劳均耕地与政府亩均农业机械化投资是影响农户农业机械化投资的主要因素，并且政府与农户双方在农业机械化的投资上存在对弈问题，基于此，提出政府强化农户机械化投入的主体地位，根据不同时期农业机械化发展变化，及时调整农业机械化相关政策，确保我国农业机械化水平健康发展等政策建议。孔祥智等（2017）针对我国机械化发展存在的问题，提出应继续推动薄弱地区农机化建设，促进农机农艺融合，健全农机社会化配套服务机制等促进我国农业现代化、推进“四化同步”的对策建议。农机购置补贴政策在“工业反哺农业”、加快农业现代化进程中发挥着重要的“杠杆”作用，由此，学者对农机购置补贴政策进行了深入研究。朱志猛（2013）认为农机购置补贴可以有效推动农户农机的投入，从而促进了农业

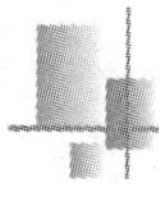

机械化水平的提高和农业劳动效率的提高，而农业劳动效率的提升将促进农村劳动力转移，最终农机购置补贴将会促进粮食产量与农户收入水平的提升。就社会经济政策方面而言，冯建英（2008）、童庆蒙等（2012）、张标等（2017）都认为农机购置补贴政策对于农户农机购置意愿有重要影响，研究结论基本一致认为农机购置补贴政策力度与农业机械购置意愿显著正相关，但是吴浩等（2011）研究得出相反的结论，认为农机购置补贴政策在某种情况下会对农户农业机械投入意愿有负的影响。

从微观层面来看，现有文献主要在农业机械投资、农业机械使用选择行为以及农机服务组织需求等方面进行了丰富的研究，而关于影响因素的研究已有文献大部分是从个体特征、家庭经营和社会经济政策等各方面去分析。林万龙、孙翠清（2007）研究认为经济环境和农业自然条件的差异，会带来农户对农业机械投资的差异，而影响农户对农业机械投资的主要因素是土地经营规模、农业生产专业化程度、家庭经营性收入以及农机动力存量等。而洪建国（2010）利用4省18个县（市、区）的农户调研数据，采用Logistic模型对农户使用农机行为影响因素进行实证研究，发现农户耕地面积、非农劳动时间对农户使用农机行为具有正向影响，平原地区农户使用农机的可能性与丘陵地区相比高65.50%。此外，充分就业纯农户与充分就业兼业农户使用农机的可能性较高。胡凌啸（2017）基于诱致性技术变迁理论，利用2004~2012年省级面板数据，对农户农机服务需求的影响因素进行剖析，认为劳动力价格上涨将会显著加大农机服务需求，但经营规模对农户农机服务需求的影响并不显著。就户主个体特征和家庭经营特征而言，现有研究中提及最多的应该是家庭的收入水平对于农户农机投资行为的影响，研究普遍认为收入水平是影响农户农机投资行为最重要的因素。翟印礼、白冬艳（2004）研究认为农机的投资水平取决于农户的收入水平；刘玉梅、田志宏（2009）也认为家庭收入水平是农户农机投资需求的决定性因素，另外家庭经营土地规模及土地细碎化程度也是影响农机投资的重要因素，而户主的年龄、文化程度、职业培训情况以及是否党员也是决定农户是否购置农机的重要因素。冯建英等（2008）认为户主的受教育程度与农业机械购置意愿显著正相关。而张晓泉等（2012）研究发现户主是否受过专业的培训也是影响农户农业农机投资行为的重要因素，经营土地的细碎化程度也影响农业机械化的使用进而影响农户的购机决策。曹光乔等（2010）研究认为个人的健康状况也被认为是影响农户购机行为的重要因素。

有的学者认为家庭人口规模（吴浩等，2011）、劳动力数量（陈旭等，2017）、非农业劳动力（方师乐等，2020）也是影响农户农机投资的主要因素。另外提及比较多的一个因素就是家庭土地经营规模，林万龙（2007）、张晓泉（2012）、吴浩（2011）等研究结论普遍认为土地经营规模与农机购置意愿呈显著正相关，但是胡凌霄（2017）研究认为土地经营规模与农户农机购置需求之间存在倒“U”型关系，即经营规模扩大初期农户农机购置意愿会增强，但当经营规模超过某一临界值，农户就会放弃自购农机而选择购买农机服务。除上述各基本的影响因素之外，现有研究还从不同的视角对农机购置行为的影响因素进行了探讨。有的学者从农机供给的角度进行了分析，如翟印礼等（2004）认为农机类型结构、价格水平会影响农户购机决策；童庆蒙等（2012）认为购机成本和预期收益以及农机作业服务价格等因素也会影响农户的农机购置决策；而王蕾（2014）基于交易成本的视角研究发现乡村道路硬化程度、通信设备普及程度同样会正向影响农户对农机投资的意愿，而现有农业机械保有量和使用年限、农作物的异质性、距离集镇距离，甚至是农户对购买农机的各种主观感知都会对农户的农机购置意愿产生影响。

1.2.2.2 农机融资租赁相关研究

融资租赁业务在世界上发展历史悠久，在西方发达国家的实体经济中应用广泛，它是实体企业重要的外部融资手段。2019 年，全球租赁业的业务

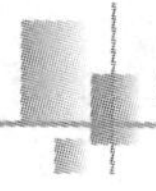

总量达到4.16万亿美元，比2018年增长9.5%，远高于全球GDP增长率和银行贷款增长率，显示了融资租赁业良好的发展前景和巨大的发展潜力（田鑫，2020）。基于此，国内学者对融资租赁业务进行了深入的研究，成果较为丰富。张洁（2016）指出融资租赁不是单一契约关系，而是三方关系的契约形式，包括租赁公司和承租人融资契约、租赁公司和供应商契约等两个方面的契约关系，以融资租赁契约及买卖契约为基础；阿波曼（2007）提出租赁周期理论与四大支柱学说，租赁周期理论包括租赁协议、单租赁、创新租赁、经营租赁、租赁新产品、租赁成熟期六个阶段，四大支柱学说包括法律法规、直接税收、金融会计及行政法规四个方面的内容，上述理论与学术的提出对于融资租赁业务的发展具有重要意义。自2007年以来，我国融资租赁业进入恢复发展时期，但与发达国家相比，我国融资租赁市场渗透率处于较低水平，融资租赁业仍处于发展初期（冯曰欣、刘砚平，2016）。郭毅姜、萌萌（2020）基于2013~2019年月度数据，利用VAR模型，对社会融资规模、工业生产者出厂价格指数（PPI）和融资租赁渗透率之间的关系进行实证研究，发现社会融资规模的增加将促进融资租赁渗透率的相应增加，且具有显著的格兰杰因果关系，而工业生产者出厂价格指数（PPI）对融资租赁渗透率的促进作用并不明显。对于融资租赁物的范围，学者进行了广泛的分析。陈广华、张子亮（2021）对不动产作为融资租赁物进行了深入分析，阐述了工业厂房、商业地产及商品房、不动产在建工程、交通运输基础设施等不同类型的不动产在其所有权和其附着的土地使用权可转移的情形下进行融资租赁的可能；张峣（2020）在借鉴美国、欧洲、日本知识产权融资租赁的成功经验基础上，提出我国融资租赁制度构建，不仅要推进立法明确制度内容，制度设计上兼顾组织法和行为法在结构上的融合，而且必须将知识产权纳入可融资租赁范围。

相对其他行业的融资租赁，农机融资租赁业在我国起步相对较晚，现有研究更多以定性的现状描述为主。胡姗姗（2015）认为融资租赁对于推动我国农业现代化具有不可替代的作用，融资租赁不需要农业经营主体提供担保，且融资的启动成本较低，伴随着新型经营主体的形成与发展，农机融资租赁将成为农业经营主体获得农机的主要手段。胡俊（2016）认为发展融资租赁有利于促进农业产业化发展，为农村个体或小微企业在融资上遇到的困难给予帮助，为促进新农业机械技术更新和资源配置效率提升提供重要支撑。张明哲（2009）、曹磊（2016）认为政府补贴与融资租赁相结合有利于促进农业机械的推广与应用，且农机租赁公司、农村合作银行、农机制造商和农户等参与主体都受益。在不同农业经营类型主体农机融资租赁方式选择方面，黄凰等（2019）对农户农机购买与租赁的特征进行研究，认为对于购买能力弱、资金不足的农户，以租赁方式获得农机成为重要选择，新型经营主体适合直接融资租赁、售后回租、厂商租赁、转租赁、联合租赁、杠杆租赁、委托租赁和联合承租等融资租赁方式，小农户适合转租赁和联合承租等融资租赁方式。此外，我国农机融资租赁业务发展存在多种阻碍因素，卓昊（2018）发现在我国农业方面融资租赁面临着应用较低、农村信用体系不完善、小农户生产经营模式不利于农业机械融资租赁业务的开展，政府持续支持力度不足、融资租赁的制度矛盾、融资租赁与信贷之间存在竞争等问题。王原雪（2012）认为农村信用社环境差、农户生产规模小、地区间差异大不利于模式推广等阻碍了农业机械融租的发展。赵广志（2015）认为我国农机作业区域分布差异大、农村信用缺失、信息不对称与追索成本高、国家政策滞后、其他辅助市场缺乏等因素制约了农机融资租赁业务的发展。

为此，学者对于我国农机融资租赁业务的发展提出了科学合理的政策建议。钱玉奇等（2016）利用山东临淄与安徽合肥共130户农户的调研数据，运用有序Probit模型对农机融资租赁业务推广的影响因素进行了实证研究，认为政府应扶持农业机械融资租赁业务的发展，融资租赁公司应进行模式创新、拓展融资渠道。杨昆（2014）提出运用物联网技术获取租赁物的物质信息流，同时，以大型联合收割机为例，设计了具体的物联网技术风险管理

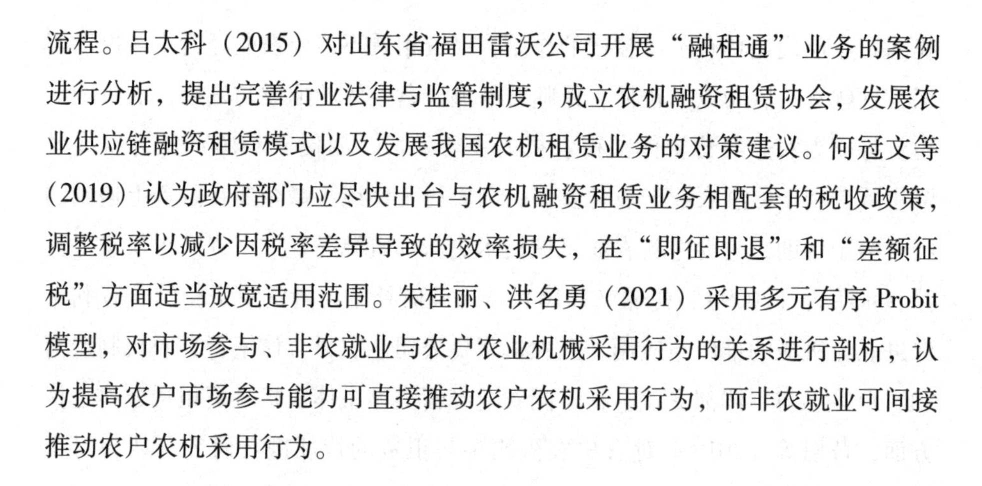

流程。吕太科（2015）对山东省福田雷沃公司开展“融租通”业务的案例进行分析，提出完善行业法律与监管制度，成立农机融资租赁协会，发展农业供应链融资租赁模式以及发展我国农机租赁业务的对策建议。何冠文等（2019）认为政府部门应尽快出台与农机融资租赁业务相配套的税收政策，调整税率以减少因税率差异导致的效率损失，在“即征即退”和“差额征税”方面适当放宽适用范围。朱桂丽、洪名勇（2021）采用多元有序 Probit 模型，对市场参与、非农就业与农户农业机械采用行为的关系进行剖析，认为提高农户市场参与能力可直接推动农户农机采用行为，而非农就业可间接推动农户农机采用行为。

1.2.2.3 农户融资约束相关研究

越来越多的文献研究了农户融资的需求，李明贤、刘程滔（2015）认为，缺少资金在很大程度上限制了农村经济的发展，同时农村金融机构存在有信息不对称、服务意识不强等问题，进一步限制了农户的融资需求。在农户类型多样化发展的今天，能否有效的满足不同类型农户的融资需求，是影响“新四化”建设成功的重要环节。很多学者认为，农户在融资时仍然需要面对较多的融资约束，因此农村金融机构应该针对农户需求进行服务改革，适应农户需求，承担起社会责任。马燕妮、霍学喜（2017）通过对 725 个苹果专业化种植户的调查研究，分析专业化农户的信贷需求特征和利率对不同规模农户的需求影响。提出专业化的农户对信贷有着不同的需求，主要分为“扩展性需求”和“发展性需求”，根据农户的规模不同，对信贷需求的影响因素也不同。刘程涛（2016）认为我国农业正处于由传统向现代化转型的阶段，随着经济不断发展，融资需求也在不断增长，但现在农户的资金需求依然得不到满足。刘程滔（2016）通过对湖南省 31 个乡镇、57 个村进行融资调查，发现金融机构提供的服务与农户信贷需求不相适应，农户贷款时产生了较高的隐性成本，农户可能因此选择非正规的融资机构。吴雨、宋全云、尹志超（2016）通过对农户的信贷需求和信贷偏好方式调查发现，农户的贷款需求程度比较高，但是在进行贷款时选择正规渠道贷款的意愿并不强烈。进一步调查发现，农户的金融知识水平和受教育程度增强，会加强农户进行正规渠道申请贷款的意愿，同时也会减少农户进行非正规渠道贷款的可能性。

有大量已发表的文献描述了农村金融融资约束的现状。周杨（2017）认为现在的农业体制已经发生了很多变化，信贷没有顺应时代的发展作出调整，现在的信贷模式已经不适应现在农村的经济发展，甚至贷款市场出现了萎缩。新型农业经营的主体在进行信贷时，有70%以上的人受到了融资约束。其中，总收入、是否有过非农收入、是否为村干部对信贷结果影响较大。魏韬（2017）认为我国农业的生产效率还有较大的提升空间，从银行、政府补贴等方面减少信贷约束，将会有效提高农业工作者的生产效率，政府提高对农业的补助，完善信贷机制，推进信贷发展，将会加快农业现代化发展的步伐。廖乔芊、李明贤（2016）通过研究发现，信贷约束造成的后果可能有：抑制了农户的消费力水平，使农户难以抓住发展机会扩大再生产，进一步发展；给农村非正规融资机构可乘之机，出现农村“高利贷”现象；抑制农村经济，生产规模难以扩大，生产效率难以提高，影响农村产业发展。周月舒、孙冰辰、彭媛媛（2019）基于对江苏省516个规模农户研究发现，规模农户加入合作社能够获得社团型社会资本，提升原生型社会资本，而社团型社会资本和原生型社会资本都能够有效缓解供给型信贷约束，但对需求型信贷约束没有显著的影响。因此，规模农户加入合作社总体来说会对其经济有着更好的影响。王若男、杨慧莲、韩旭东、郑风田（2019）基于信贷供需理论和信贷约束的现状，研究合作社与信贷约束的关系，发现合作社现在仍然比较缺乏资金，难以满足农户的信贷需求。贷款条件苛刻和交易成本约束是限制合作社贷款业务发展的主要原因。何明生、帅旭（2008）针对四川省巴中市研究发现，农户对信贷依赖性过强，保险、金融

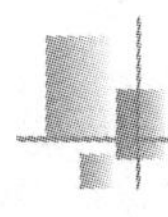

等问题只通过信贷这一种方式解决。农户的教育水平、资产水平与是否能获得贷款、获得贷款的数额关系十分紧密。农户资产水平越低，对信贷需求越强，但由于缺少可以抵押的资产、手续烦琐等问题，限制了农户的信贷。而高资产农户由于信息不对称等因素，也会不同程度地受到信贷约束。柳凌韵（2018）通过大数据研究发现，相比小农户，大农户面临的信贷约束更多，信贷约束会导致农户的农业生产无法最大化，在信贷约束持续存在的情况下，会限制农业的发展，这与增强农业效率，提高农业市场竞争的目的相违背。农户信贷约束多，信贷意愿就会减少，而愿意信贷的农户也会因为限制，无法获得自己期望的信贷额度。魏昊、李芸、吕开宇、武玉环（2016）研究发现，由于农户抵押担保不足，风险偏好越强的农户越容易受到正规金融机构的约束，贷款金额越大则信贷约束越大，农户风险规避性越强，受到的约束也就越大，且资金需求小的农户更为明显。

当前很多关于不同规模农户信贷的文献特别关注信贷约束类型和产生影响的原因。梁杰和高强（2020）认为，基于对720个农户的调查研究，发现农户信贷的规模不同，约束类型就会不同，则对其产生影响的原因也就不同。因此对规模不同的农户选用不同的方案，能够实现农业资金效益的最大化，缓解农村融资的困境。何小川、陈晓明、李国祥（2015）认为如果不能解决农村信贷的约束问题，那么将会对我国农村的经济发展产生制约。大多数人认为我国农村金融信贷的问题是由金融机构、信贷配给等外在原因产生的，但是由于供给型信贷约束产生的影响，会进一步影响作为借款主体的农户的认知和行为。文章通过对538个农户进行研究分析，探究不同信贷约束类型产生的原因和内在结构，并从供需关系上对我国农村信贷约束产生的问题提出解决方案。叶慧敏（2020）通过对湖南省7县236户农户调查发现，农村信贷约束的限制条件有年龄、受教育程度、存款占收入的比例、家中是否有村干部等，因此作者提出应该提高对农村教育的投入，对村民进行技术培训，提供更多的信息服务，培育更多的金融机构，提供更多设计合理

的产品等方案，来缓解农户的信贷约束。沈明高（2004）在分析了我国10省4273农户后发现，农户大多数都会面临信贷约束，体现在农户的上年收入和下年消费息息相关，现在的金融机构，无论正规与否，对农户的信贷要求都难以满足。收入越不平等的地区，融资约束越大。但在非正规金融发达的地区，农户的融资约束反而比较弱。朱少洪（2010）认为要想发展农村经济，离不开金融的支持，许多发展中国家都存在贷款难的问题，融资约束产生的原因存在于农户的信贷需求、信贷供给方提供的服务以及农村信贷环境等外部因素。研究说明，应该进一步完善农村信用体系，丰富和发展农村金融组织体系，正确引导和规范农村金融的发展。王定祥、田庆刚、李伶俐、王小华（2011）通过对全国15个省1156个较贫困地区的调查发现，大多数贫困农户都有信贷需求，但进行借贷行为的人较少。其中，家庭耕地面积、农业生产支出占比等因素显著影响农户是否会发生正规机构借贷行为，而固定资产价值等因素则会影响农户是否进行非正规借贷行为。陈芳（2016）针对贵州省4018个农户的研究发现，欠发达地区的农户所在农村信用社市场的贷款需求总量较少，农户选择是否贷款主要考虑的是自认为能够获得贷款的可能性，对贷款产生的利率高低并不十分在意，由于正规金融机构限制较多，民间借贷的限制性减少了欠发达地区的融资意愿并缩小了融资规模。甘宇（2017）根据1398个农户案例的分析得出，农户家庭耕地的大小与其融资能力呈现正相关性，随着收入的增加，信贷资源更容易得到。农户距离商业中心越近，更容易减少由于信息不对称给家庭融资带来的负面影响，就会产生更强的融资能力。有的农户担心道德风险，家庭富裕的农户在非正规渠道融资时，其融资能力与财务水平相反，而社会资本比较高的农户从正规融资渠道融资的可能性较大。阿马努拉（2018）通过对巴基斯坦信德省的调查研究发现融资约束对农户投资具有重大影响。其中农户的家庭健康状况、消费支出、教育支出等因素对农户收入具有影响。土地面积、家庭成员构成、收入会对福利产生正面影响，而利率会对福利产生负面影响。

邓小东（2020）研究发现，造成创业农户供给型约束的原因主要有以下几点：创业农户风险难以控制，为了减少风险，在进行信贷业务时，对农户进行资产要求；银行市场竞争激烈，为了规避风险，银行缺少对农村信贷业务的动力；农村金融市场信息不对称，银行难以对需求者进行筛选，准确提供服务；农村金融市场竞争较弱，银行重视程度不足；政策不能带动市场，发挥市场潜力。于淼（2015）认为成本、收入的稳定性、知识性会显著影响融资约束。农户在融资时，缺少较好的盈利项目，因此，农户借贷意愿不强。农户在借贷时，由于缺乏对正规借贷的认识，会提高交易成本，降低获得贷款金额的预期，是融资约束产生的重要原因。

有大量已发表的研究描述了如何打破农户贷款现有困境，李岩（2014）根据山东省农户连续6年的跟踪调研数据，提出对农村信贷现存问题的解决方案：首先，要从政策上照顾贫穷农户，增加贫穷农户的信贷可得性。其次，打破农村信用社的垄断，形成农村金融市场。再次，给想要投资的农户提供投资机会。最后，对贫困农户和富裕农户进行差别对待。刘西川（2007）通过实地调查数据，研究认为要想解决现在的融资约束可以从以下三个方面考虑：第一，改变农村信用政策，刺激农村消费。第二，农村金融机构改良金融产品，发现农村潜在用户。第三，政府大力发展农村外部条件，医疗、教育、法律等，加强对农民工劳动力市场的监管。邹建国（2019）通过对湖南省8个地级市16个县321户的调查发现，农户参与供应链金融促进农户融资可获得性，并会对农户供给型融资约束和农户需求型融资约束产生破解纾困的作用。随着经济的发展、农户社会资本和农户收入的增加，农户参与供应链金融对农户供给型融资约束和农户需求型融资约束降低。因此应该健全农业供应链的相关法律法规，加强强化农业供应链的金融配套设施、农业供应链金融服务生态建设，提高农业供应链金融服务水平。周杨（2017）针对新型农业经济主体提出几点建议：首先，增加农村正规信用供给，形成有活力的金融市场。其次，改革传统贷款模式，根据需求提

供理财产品。最后，从外部改善农村金融环境，提高政策支持力度。王若男、杨慧莲、韩旭东、郑风田（2019）提出，适当放宽贷款条件，简化信贷流程，完善合作社信贷制度，加大合作社扶持力度。柳凌韵（2018）建议，有关部门以市场为导向，对农村信贷进行差异化创新金融，培育农村社区金融机构，促进农村金融资源社区化，加快农村征信体系建设，建立风险补偿机制。魏昊、李芸、吕开宇、武玉环（2016）为了缓解信贷约束，提出金融机构与政府应当针对不同借款农户采取不同政策，构建有效的农村社会保障制度，有效规避农户风险。

1.2.3 国内外相关研究评述

通过上述对已有文献的梳理，我们发现国内外学者对于农村金融市场以及农户的投融资行为研究成果非常丰富。国内外关于农户农机投资行为研究中主要是从农户的现实需求出发具体探讨影响因素，既有微观方面因素的探讨，又有宏观方面因素的探讨。和国内一样，农业补贴对农机投资的影响是研究热点，但是鲜有文献研究融资约束对农户农机投资行为的影响。对于融资租赁理论的研究多局限于对企业，特别是以上市公司的融资租赁行为为研究热点，对于农机融资租赁方面的研究相对较少，现有关于农机融资租赁的研究大部分都停留在行业发展现状、运行模式或者从融资租赁公司的视角研究发展战略，很少有文献研究农户农机融资租赁的参与意愿，而应用微观数据进行实证分析的少之又少。关于农户的融资约束问题的研究是国内外研究热点，并且研究的逻辑起点都是农村金融市场存在信贷配给，因而很多学者提出了融资约束的识别方法，进而在融资约束识别的基础上研究其影响因素。

综上所述，本书根据以往研究不足给予拓展，将从农村金融市场供求特征的角度为农户个人农机投资不足提供新的解释，结合农户农机投资行为分析，基于缓解农户农机投资融资约束的目的进行实证分析，以期对这方面以及文献做一点有益补充。现有关于农机融资租赁的研究大部分都是基于出租方的视角去设计农机融资租赁模式，提出促进农机融资租赁行业发展的对策建议，但很少有从出租方视角研究农户对于农机融资租赁的认知以及属性偏好，而一个有效的市场是建立在各参与主体的共同意愿的基础上的。本书应用选择实验法探究农户对于农机融资租赁属性的偏好及其支付意愿，以期为承租方在设计农机融资租赁合同方案或者国家出台鼓励农机融资租赁发展政策建议的时候提供一些微观依据。

1.3 主要研究内容与方法

1.3.1 研究内容及结构

本书基于融资约束的微观视角，深入探讨农户农机投资行为和农机融资租赁选择偏好。主要研究内容包括：首先，应用融资约束理论探讨农户是否面临融资约束，进而研究不同的融资约束对农户农机投资行为的影响。其次，在现行农村信贷配给普遍存在的情况下，研究农户是否愿意参与农机融资租赁进而缓解农机投资过程中的融资约束状况，进一步分析农户对农机融资租赁的选择偏好。最后，针对研究结论提出发展农机融资租赁促进农业机械化健康发展的对策建议。

全书共计9章内容，其中主体部分有6章。第2章主要对文章涉及的相关概念进行界定并提出文章研究的理论基础；第3章主要构建全书的理论分析框架，为后续的实证检验做基础；第4章主要分析与本书研究问题密切相关的农业机械化和农机融资租赁行业的发展现状；第5章主要对调研情况及样本特征进行描述分析；第6章基于调研数据识别农户在农机投资过程中面临的融资约束问题；第7章基于融资约束视角从购买意愿以及购买农机量两个方面研究农户的农机投资行为及其影响因素；第8章从承租人视角探讨农户对农机融资租赁的认知及参与意愿；第9章对全书的研究结论进行总结，并提出对策建议。

以下对全书结构做一简要的概述，其具体研究内容包括：

第1章，绪论。介绍本书的研究背景和意义；对国内外有关农机投资、农机融资租赁及农户融资约束的相关研究文献进行综述，并对相关研究文献进行评述；概述全书的研究内容、应用的具体研究方法以及研究技术路线；指出本书可能的创新点以及不足之处。

第2章，相关概念界定与理论基础。结合已有文献，对本书研究中涉及的农业机械与农业机械化投资、融资租赁与农机融资租赁等概念进行界定；对本书研究过程中涉及的金融市场供求理论、农户投融资行为理论、融资约束理论进行梳理。

第3章，农户农机购置行为及融资租赁选择偏好研究的理论分析框架。主要基于上一章提出的理论基础，从融资约束识别、农机购置行为、农机融资租赁参与意愿和选择行为三个方面构建理论分析框架，提出融资租赁缓解农户农机购置融资约束的机理分析。

第4章，农业机械化及农机融资租赁行业发展现状分析。应用宏观统计数据对我国的农业机械化发展水平及状况进行分析，并对农机融资租赁行业的发展现状及其存在的问题进行概述。

第5章，调研样本特征及农户农机购置金融服务供求分析。一方面对调研情况进行说明，另一方面对调研数据的描述性统计分析，对调研样本的个体特征、家庭状况、生产经营状况、农机保有量和购置需求情况、农村借贷需求特征和被满足情况进行分析，特别是对购买农机的融资需求和供给情况进行重点分析。

第6章，农户融资约束识别及其影响因素分析。通过对已有文献的归纳分析提出在农户融资约束的识别机制上，应用该机制对调研样本农机购置过程中是否受到融资约束以及所受到的融资约束类型进行识别。然后应用实证分析法分析融资约束影响因素并对识别结果进行修正，解决样本选择偏差问题。

第7章，融资约束对农户农机购置行为的影响研究。从农户的农机购买意愿以及购买农机量两个方面分析影响其投资决策的因素，重点结合第6章的研究内容分析融资约束对于农户农机投资行为的影响。

第8章，农户农机融资租赁参与意愿及选择偏好研究——基于缓解融资约束视角。从承租人视角探讨农户对农机融资租赁的认知及参与意愿，分析影响农户参与农机融资租赁时关注的主要因素。应用有序 Logit 模型分析农户参与农机融资租赁的影响因素，通过选择实验法研究农户对于农机融资租赁业务的认知程度以及选择偏好。

第9章，结论与建议。对全书的研究结论进行概况总结，针对研究结论提出构建新型农机融资租赁模式、缓解农机投资融资约束、促进农业机械化发展的政策建议。

1.3.2 研究方法

（1）文献分析法。本书通过研读国内外相关领域文献，系统的梳理了农机投资，农机融资租赁及融资约束三个方面的研究现状，为本书研究提供重要的理论支撑和文献支撑。在借鉴已有研究成果的基础上，结合本书的研究主题和研究目标，针对农户融资约束的识别程度、农机投资行为研究以及农机融资租赁参与意愿选择偏好等内容提出分析框架并设计相应的研究方案。

（2）调查研究法。本书选择内蒙古自治区的5个盟市12个旗县40个乡镇的72个村落的部分农户作为研究对象进行调查，运用问卷调查和访谈调查法对调研对象的个体特征、家庭经营状况、农机保有量与购置状况、农村金融市场的供求状况以及农机融资租赁的认知及参与意愿进行调查。通过对调查数据及访谈材料的统计分析了解农村农机投资金融服务的供求状况及存在问题。

（3）实证研究法。本书基于实地调研获取的样本数据，通过构建二值

Logit 选择模型、Heckman 三阶段模型、连续变量 Tobit 模型、有序 Logit 选择模型、选择实验法等计量经济模型，分别进行融资约束的影响分析及测度、农户农机投资行为影响因素分析、农机融资租赁的参与意愿及选择偏好分析等方面的实证研究。

1.3.3 技术路线

根据上述研究内容与研究方法，本书的研究技术路线如图 1－1 所示。

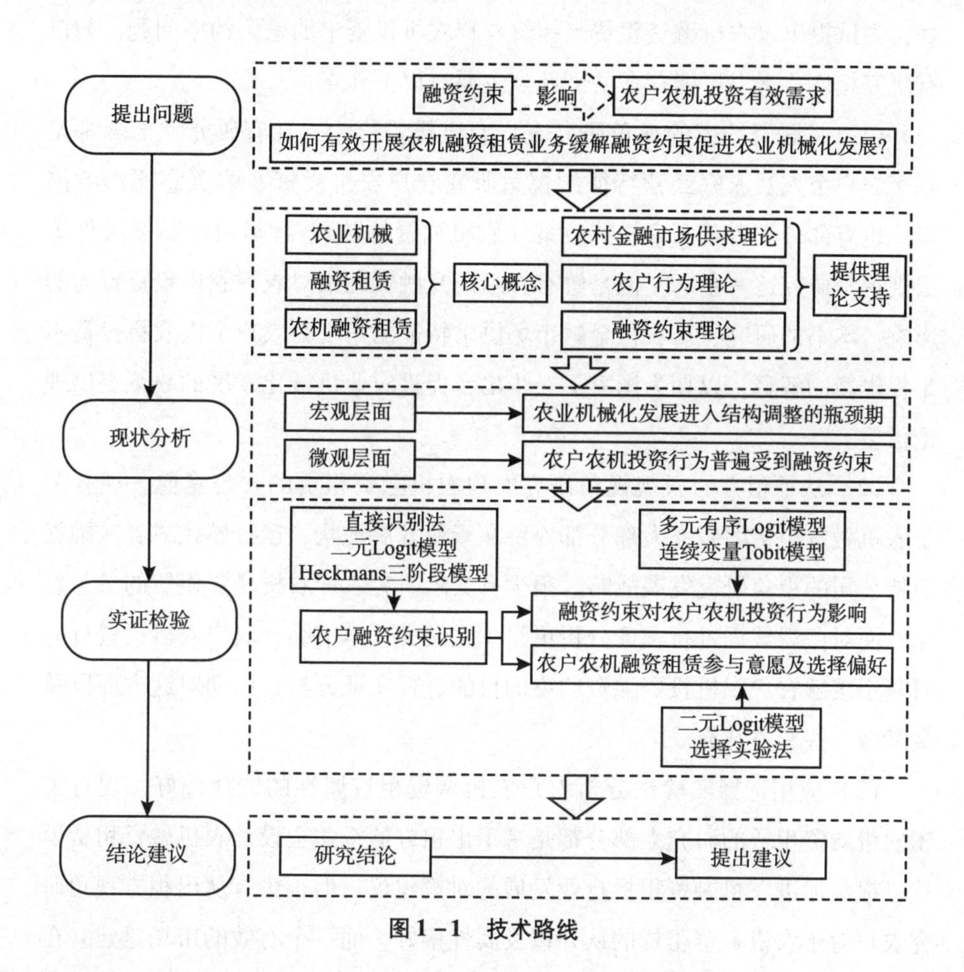

图 1－1 技术路线

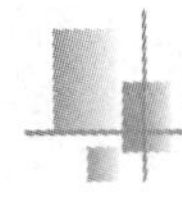

1.4 创新与不足

1.4.1 可能的创新点

本书在已有研究文献的基础上，应用理论分析和实证研究方法从微观视角探究农户的农业机械投资行为以及其农机融资租赁的参与意愿及选择偏好，尝试提出以农机融资租赁来缓解农户农机投资中的融资约束问题。与已有研究相比，本书可能存在的创新点主要有以下几点：

（1）从融资约束的视角研究农户农机投资行为。现有研究大部分都是基于农户个人及家庭经营特征的视角研究农户农机投资及购置意愿影响因素，也有部分学者就国家扶持政策（农机购置补贴）、区域自然禀赋条件等宏观视角研究这一主题。但是鲜有文献研究融资约束对农户农机投资行为的影响。本书的研究将从农村金融市场供求特征的角度为农户个人农机投资不足提供新的解释，以期为国家下一步出台促进农业机械化发展的政策提供理论借鉴。

（2）从承租方的微观视角研究农户农机融资租赁的参与意愿。现有关于农机融资租赁的研究大部分都停留在行业发展现状、运行模式或者从融资租赁公司的视角研究发展战略。很少有文献研究农户农机融资租赁的参与意愿，而对微观数据进行实证分析更是少之又少。本书结合农户农机投资行为对基于缓解农户农机投资融资约束的目的进行实证分析，以期对这方面以及文献做一些有益补充。

（3）应用选择实验法分析农户农机融资租赁属性的选择偏好。现有关于农机融资租赁的研究大部分都是基于出租方的视角去设计农机融资租赁模式，提出促进农机融资租赁行业发展的对策建议，但很少有从出租方视角研究农户对于农机融资租赁的认知以及属性偏好，而一个有效的市场是建立在各参与主体的共同意愿的基础上的。本书应用选择实验法探究农户对于农机融资租赁属性的偏好及其支付意愿，以期为承租方在设计农机融资租赁合同方案或者国家出台鼓励农机融资租赁发展政策建议的时候提供现实参考。

1.4.2 研究的不足

由于受时间以及作者的研究能力不足所限，本书的研究还存在如下三个方面的不足：

（1）由于融资租赁在我国起步较晚，特别是农机融资租赁行业还处于摸索发展阶段，目前对于融资租赁行业发展数据统计还不够全面和详细，特别是农机融资租赁行业没有官方权威统一口径的统计数据，没有办法从出租人的角度去分析农机融资租赁行业的发展，导致作者对农机融资租赁的行业发展分析难以深入。

（2）本书在全书贯穿的逻辑思路是通过农机融资租赁这种新型的融资方式来缓解农户农机投资的融资约束，但是由于时间限制无法对样本农户进行进一步跟踪调研来验证农机融资租赁这种新型的融资方式缓解农户农机投资的融资约束的实际效果，这有待于以后进一步深入研究。

（3）对于农机融资租赁的研究除了要基于承租方农户的视角进行分析以外，还应该从出租方——融资租赁公司以及供货方——厂商、农机经销商的角度去探讨其市场有效性。虽然在调研中也走访了相关的企业，但是基于条件所限无法获取足够的样本数据构建基于多方主体参与的理论分析框架。未来希望能从三方演化博弈的视角进一步研究。

1.5 本章小结

本章作为全书的开篇章节，主要从整体上领先全书内容。首先，从研究背景提出问题，引出要研究的主题并从理论和现实两方面分析了本书的研究

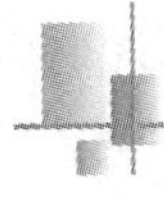

内容的价值所在；其次，从农机投资、农机融资租赁和融资约束三个方面对国内外文献的研究现状进行综述，在对现有文献评述的基础上提出本书研究内容必要性；再次，对本书研究的内容进行了概况并对各章的研究内容进行了概述；从次，对研究过程中用到的各种方法进行了梳理，并将研究内容与研究方法结合提出全书研究的技术路线图；最后，指出全书的创新点和存在的不足之处。

相关概念界定与理论基础

2.1 相关概念界定

2.1.1 农业机械

2.1.1.1 农业机械的定义

农业机械泛指在作物种植业和畜牧业生产过程中，以及农、畜产品初加工和处理过程中所使用的各种机械，包括生产机械、农业基本建设机械以及农业产品运输加工机械等。中国的农业机械工业经过多年的发展，形成了包含拖拉机、内燃机、耕整种植机、收获机、低速载货汽车、林业机械、渔业机械等14个子行业，生产3000多种产品的完整工业体系。

我国2004年颁布的《中华人民共和国农业机械化促进法》第一章第二条中指出“农业机械，是指用于农业生产及其产品初加工等相关农事活动的机械、设备”。《中国农业百科全书》中把农业机械定义为“在种植业、林业、畜牧业、农村副业和渔业生产中应用的各种动力机械和作业机械的总称”。本书所研究的农业机械是指用于农业生产等相关经营活动过程中，代替人力、畜力的各种机械设备总称。

2.1.1.2 分类

关于农业机械分类依据主要是按照用途分类。因为大部分农机都是为了满足农业生产经营的某一个方面需要而设计制造的，如满足耕作需要的耕作机械，满足某种作物种植的种植机械，满足不同作物收获需要的收获机械以及满足施肥、植保、养殖以及农产品加工需要的机械等，其中，最重要的是以拖拉机为主的动力机械。根据原农业部 2015 年 2 月 9 日发布的中华人民共和国农业行业标准 NY/T 1640—2015《农业机械分类》，农业机械共分为大类、小类和品目三个层次，即分为 15 个大类 49 个小类和 257 个品目。本书列示了大类名称，详见表 2－1。

表 2－1　《农业机械分类》中农业机械分类

代码	分类名称	代码	分类名称
01	耕整地机械	09	畜牧机械
02	种植施肥机械	10	水产机械
03	田间管理机械	11	农业废弃物利用处理机械
04	收获机械	12	农业基本建设机械
05	收获后处理机械	13	设施农业设备
06	农产品初加工机械	14	动力机械
07	农用搬运机械	15	其他机械
08	排灌机械		

而中国机械工业联合会对机械工业进行分类时将农业机械行业按照具体应用的细分行业不同分为 13 大类，具体大类名称见表 2－2。

表2-2 中国机械工业联合会对农业机械分类

序号	分类名称	序号	分类名称
01	农用及园林用金属工具制造	08	渔业机械制造
02	农副食品加工专用设备制造	09	农林牧渔机械配件制造
03	饲料生产专用设备制造	10	棉花加工机械制造
04	拖拉机制造	11	其他农林牧渔机械制造
05	机械化农业园艺机具制造	12	水资源专用机械制造
06	营林及木竹采伐机械制造	13	其他未列明运输设备制造
07	畜牧机械制造		

而《中国农业机械统计年鉴》中将农业机械行业细化为14个子行业并进行详细分析，各子行业名称见表2-3。

表2-3 《中国农业机械统计年鉴》中农业机械分类

序号	分类名称	序号	分类名称
01	拖拉机	08	排灌机械
02	耕种种植机械	09	草地畜牧业机械
03	旋耕机械	10	畜牧及饲料加工机械
04	收获机械	11	热带作物机械
05	农副产品加工机械	12	茶叶机械
06	低速汽车	13	中小型风能设备
07	温室园艺设施及设备	14	渔业机械和渔船船用产品

除上述三种典型的按照用途分类以外，还可以按照动力及其配套方式分类为牵引、悬挂和半悬挂等类型；按照作业方式可分为行走作业和固定作业两大类；还可以按照作业地点分为室内作业机械、野外作业机械等。本书所指的农业机械为广义农业机械，具体更倾向于采用我国原农业部发布的

《农业机械分类》中的分类方法。

2.1.1.3 农业机械化

农业机械化是指运用先进适用的农业机械装备进行农业生产，提高农业的生产技术水平和经济效益、生态效益的过程。它是用各种机械代替手工工具进行生产，可以节省劳动力，减轻农民的劳动强度，提高生产效率。《中华人民共和国农业机械化促进法》第一章第二条中指出“农业机械化，是指运用先进适用的农业机械装备农业，改善农业生产经营条件，不断提高农业的生产技术水平和经济效益、生态效益的过程”。余友泰主编的《农业机械化工程》中提出：“农业机械化是指用机器逐步代替人畜力进行农业生产的技术改造和经济发展的过程。”

此外，农业机械化的定义进一步可以扩展为既包括狭义上仅涉及种植业、田间作业机械化，也包括广义上种植业、林业、畜牧业、渔业及副业产业模式下产前、产中、产后机械化发展。但是根据联合国粮食及农业组织的定义，农业机械化不仅是指微观农户对于农业机械的利用过程，它还包括农业机械的生产制造、流通贸易、经营管理等整个产业链的各个环节，同时还涉及政府、生产制造商、经销商、消费主体等各个产业环节参与主体。本书中的农业机械化泛指整个产业的发展。

2.1.2 农机购置行为

2.1.2.1 农机购置行为的定义

投资是农业进行再生产必不可少的要素，在研究农机购置行为之前首先要理解农机投资行为。在农业生产经营过程中，包括农户在内的投资主体都要不断的进行投入来保证再生产，并且农户的私人投资逐步成为农业投资的主体。根据对生产的影响不同可以把农业投资分为生产性投资和非生产性投

资。广义的农机投资可以分为长期农机投资和短期农机投资，长期的农机投资就是指农户等经营主体通过多渠道筹集资金购置农业机械长期持有使用；而短期的农机投资是指临时租用农业机械或者雇佣农机服务的行为。本书研究的是农机长期投资行为即农机购置行为。

2.1.2.2　农机购置行为特征

农户的农机购置行为和其他消费行为有所不同，主要体现在如下几个方面：

（1）长期性。农业机械作为农业生产经营的固定资产，一次性投入资金金额较大，其投资回收期较长。相比于其他的生产性投资，发生的频率较小，但是一旦购置将长期持有，变现能力不足。

（2）适量性。农机购置投入要根据农户自身的需求出发选择合适的农业机械进行投资，由于农机购置需要占用大量的资金，农户可以在农机购置规模以及和农机社会化服务之间按照“利益最大化”进行投资选择。

（3）差异性。农户的农机购置行为受到各方面因素的影响，不单与农户的个体特征有关，还受到区域自然环境禀赋的影响。有的适合持有大型农业机械，有的只能应用小型农业机械，有的甚至无购置必要。

2.1.3　融资租赁

2.1.3.1　融资租赁的定义

租赁行为最早出现于公元前 1400 年，而现代租赁则起步于 20 世纪 50 年代。租赁是物品所有者在约定时期内，将物品的使用权让渡给承租人，以获取租金的行为。其实质上是一种以“融物”为表现形式的融资行为。出租人既保留了租赁物的所有权，又可以获取额外的租金。于承租人而言，付出一定租金就可以获取物品一定时期内的使用权，这在很大程度上降低了生

产成本，缓解资金压力。所以说租赁是指将商品的所有权和使用权分离，出租人将商品的使用权让渡于承租人，并收取租金的行为，这个过程包含信用与贸易的双重属性。

根据与租赁物所有权相关的全部风险报酬是否转移，租赁具体可以划分为融资租赁和经营租赁两种类型。两者的根本区别在于谁承担租赁商品的余值风险。融资租赁商品的余值风险由承租人所承担，融资租赁实质是一种资产金融行为，因此融资租赁业务已经成为全球最基本的非银行金融业务形式。由于我国对相关融资租赁业务涉及的财、税立法尚未完备，目前由商务部、国家税务总局联合对内资融资租赁试点企业进行审批。获得内资试点企业资格的融资租赁公司可享受与一般租赁业不同的营业税政策。但在实务中不同的领域对于融资租赁有不同的定义，具体如表 2 -4 所示。

表 2 -4　　不同专业领域融资租赁的定义

专业领域	具体定义
国际融资租赁公约定义	《国际融资租赁公约》第一章第一条中关于融资租赁交易规定："在这种交易中，一方（出租人）根据另一方（承租人）提供的规格，与第三方（供应商）订立一项协议（供应协议）。根据此协议，出租人按照承租人在与其利益有关的范围内所同意的条款取得工厂、资本货物或其他设备（设备），并且与承租人订立一项协议（租赁协议）以承租人支付租金为条件，授予承租人使用设备的权利"
会计学定义	我国《企业会计准则第 21 号——租赁》（2018）在第四章第三十六条中规定：一项租赁属于融资租赁还是经营租赁取决于交易的实质，而不是合同的形式。如果一项租赁实质上转移了与租赁资产所有权有关的几乎全部风险和报酬，出租人应当将该项租赁分类为融资租赁
金融学定义	我国银监会于2014 年发布的《金融租赁公司管理办法》在第一章第三条中规定：融资租赁是指出租人根据承租人对租货物和供货人的选择或认可，将其从供货人处取得的租赁物按合同约定出租给承租人占有、使用，向承租人收取租金的交易活动

续表

专业领域	具体定义
合同法的定义	融资租赁是指出租人根据承租人对租赁物和供货人的选择和认可，将其从供货人处取得的租赁物按融资租赁合同的约定出租给出租人占用、使用，向承租人收取租金，最短租赁期限为一年的交易活动，适用于融资租赁交易的租赁物为机器设备等非消耗性资产。融资租赁是种特殊的金融业务，由从事租赁企业实施

综上所述，本书认为融资租赁是指出租人根据承租人的要求向供货商购置租赁标的物，而后将标的物租赁给承租人以获取租金的行为。在合同期内，租赁标的物所有权归属于出租人，承租人拥有其使用权。租赁期满，出租人所有权利义务已履行完成，并且承租人已偿付完所有租金，租赁物件的归属根据融资租赁合同内约定执行，若无相关约定可双方商议签订补充协议，仍不能确定的，租赁物件所有权归出租人所有。具体流程如图2-1所示。所以按照其本质属性，融资租赁业务既是融资的过程，又是融物的过程，既不同于传统的金融市场借贷业务，又不同于产品市场的产品交易，而是一个全新的金融服务业。

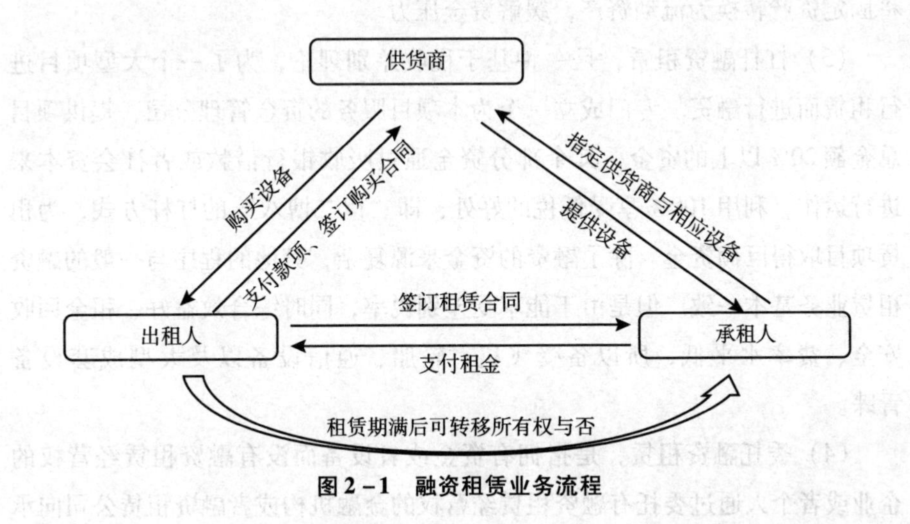

图2-1　融资租赁业务流程

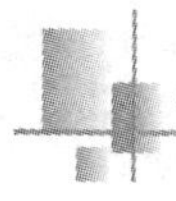

2.1.3.2 融资租赁分类

在实践中，由于具体的操作流程不同，融资租赁有直接融资租赁、售后回租融资租赁、杠杆融资租赁、委托融资租赁、经营性融资租赁、融资转租赁等形式，不同的融资租赁类型概念如下：

（1）直接融资租赁，是指由承租人向出租人提出具体的租赁需求，出租人在风险可控的前提下购置租赁标的物给承租人使用，在租赁期内承租人按照合同约定向出租人支付一定租金。在整个租赁期间承租人拥有租赁物的使用权，并负责租赁物件的保管维护，出租人享有租赁物的所有权，合同期满后，租赁物件按照合同约定处置，正常情况下归承租人所有。

（2）售后回租融资租赁，是指租赁物的所有者按照一定价格先将租赁物出售给出租方，然后按照约定再以租赁的方式将租赁物回租回来。所以售后回租融资租赁模式目的是承租人通过现有设备的周转来获得一笔流动资金，变固定资产为流动资产，设备所有者可将出售设备的资金大部分用于其他投资，少部分用于缴纳租金。一般用于承租人资金压力大，选择以此方式将固定资产转换为流动资产，缓解资金压力。

（3）杠杆融资租赁，是一种基于税收差别理论，为了一个大型项目进行租赁而进行融资。专门成立一个为本项目服务的资金管理公司，提供项目总金额20%以上的资金，其余部分资金通过吸收银行借款或者社会资本来进行运作，利用100%享受低税的好处，即“以二博八”的杠杆方式，为租赁项目取得巨额资金。除了融资的资金来源复杂，其他的程序与一般的融资租赁业务基本一致。但是由于能享受差别税率，同时综合效益好、租金回收安全、费率水平低，所以备受飞机、轮船、通信设备以及大型成套设备青睐。

（4）委托融资租赁，是指拥有资金或者设备而没有融资租赁经营权的企业或者个人通过委托有融资租赁经营权的金融机构或者融资租赁公司向承

租人出租设备，这期间两个出租人存在一层委托代理关系。这种方式可以进一步拓展融资租赁业务的参与主体和资金来源。

（5）经营性融资租赁，在本质上类似于经营租赁，它是在融资租赁计算租金基础上时保留10%以上的余值，合同期内，出租人还可以选择对租赁设备进行维护保养，租赁物件提取的折旧也反映在出租人的账面上。租赁期结束时，所有权不发生转移，仍归属于出租人，承租人对租赁物件可以选择续租、退租或是留购。

（6）融资转租赁，是指租赁物件来自出租方以外的另一个租赁公司，然后出租方再将租入的租赁物件转租给实际的使用人，这种方式就称为融资转租赁。其业务流程同直接融资租赁差别并不大，但是对于融资租赁公司来说是一种资金融通的有效渠道，目的是缓解自身资金的短缺，同时又满足最终承租人的需要。而第一出租人与最终承租人没有直接的联系。

2.1.4　农机融资租赁

2.1.4.1　农机融资租赁的定义

农机融资租赁是上述融资租赁开展的一类业务，其租赁物为农业机械设备。具体指公司以租赁综合服务商的角色将承租人、银行、经销商以及政府的各种资源实施链接和整合，承租人（普通农户、种粮大户、新型经营主体等）交纳一定的首付金（一般为总金额的30%）就可独立使用机械设备，剩余租金与利息分期偿付，全款付清后农机具所有权再转移到承租人。农机融资租赁作为融资租赁的一个分支，在定义上与融资租赁大致相同，区别在于租赁物件为农业机械。农业机械设备的种类繁多，因此承租人可以根据自身需求选择不同的农机租赁模式。

当存在下列情况下，一般会选择融资租赁。第一，承租人不愿承担经营租赁较高的租金。第二，迫于资金有限无法支持一次性购买，但最终以租赁设备作为固定资产为目的的租赁。第三，承租人自身具备设备的使用、维护、保养技能，不需要此类专门的技术服务。农机融资租赁兼具融资和融物双重属性，能结合不同农业机械的属性，最适于成为解决农机购置主体资金不足的现实方式。融资租赁不需要像其他金融融资方式对客户信用进行太多调查，只要通过控制设备的物权就可控制信用风险，正好弥补农村金融市场信用状况调查困难的缺陷。农机融资租赁可以极大地盘活农村的存量闲置资产，整合农业各方资源，缓解农村地方财政资金短缺问题，确保有限支持“三农”的财政资金发挥更大的作用。对于金融资源匮乏的农业生产领域，融资租赁业务模式具有更大的发挥空间。

2.1.4.2　农机融资租赁模式

通过大量查阅文献资料及现实考察，本书认为目前我国农机融资租赁常用的形式主要有如下三种模式。

(1)“承租方+出租方+供货商”的直接融资租赁模式。现阶段这种融资租赁方式是最简单也是应用最广泛的一种模式。该模式的主要参与主体包括承租方、出租方和供货商三方。承租方为农机实际需求者，主要指有农机购置需求的普通农民、种植大户、家庭农场、农机专业合作社等农村经营主体。承租方可以从与出租方有合作关系的供货商选择自身有购买意愿的农业机械设备，并对所租用的农机拥有使用权。承租方的关键责任是按时向出租方支付租金，并在日常使用中搞好农机具的维护保养工作，防止出现意外毁损；出租方就是指一些专业从事农机融资租赁业务的金融机构或者融资租赁公司。出租方对租赁农机设备拥有所有权并有按时从承租方处收取租金的权利，可以根据需要随时随地查验农机具的运用情况。其主要职责是依据承租方要求选择向合格的供货商或经销商选购农机具并支付价款；而供货方即指提供农机具的制造商或经销商。供货方有权利公平参与农机市场竞争和农机具议价，其主要职责是依照出租方的购置要求将农机具交付承租方，并在租

赁期内搞好农机具的售后服务维修保养工作。有时出租方会要求供货方提供回购担保的服务承诺。具体业务流程为：

第一，确定租赁的农机具。当农户需要农机时，可以依据自身需要确定农业机械的类型、型号和其他信息，然后让出租方去选定或者自己从与融资租赁公司有业务合作的厂商或者经销商那里选定农业机械设备，然后供应商根据实际需要准备农业机械。

第二，签订农机租赁合同。出租方选择了融资租赁业务并与承租方达成协议后，双方签署农机融资租赁协议。合同的内容除了包括一般的内容以外，主要要明确租赁对象、金额、期限以及费率水平等，另外要明确双方的权利和职责。

第三，签订农机购买合同。当出租人与承租人对选择的供应商以及租赁设备达成协议后，出租方与供货方签订农业机械购买合同。合同要具体明确有关农业机械型号规格、合同金额、付款方式，交货时间和地点，交货和安装方法以及售后维护保养等详细信息。

第四，交付租赁农机设备。如果承租方与出租方、出租方与供货方的合同签约完成并且完成支付货款，供货商就要根据农机购销合同中的相关规定在出租方允许的情况下及时将农机交付给承租人，并很好地完成后续售后工作。

第五，支付租金。租赁农机设备交货后，出租方要按照合同约定按时支付租金。

这是一种最典型的涉及承租人、出租人、农机供货方三个参与主体的融资租赁模式。由于农业的弱质性，农机具融资租赁业务较之其他租赁业务，存在较高的风险和成本，许多出租方考虑到风险和成本问题，更愿意选择实力较强、规模较大、信用水平较高、承担风险能力较强的承租方，而分散农户的农机具可获得性较差。这种模式虽然极大地促进了农机具融资租赁的发展，但是，很多出租方仍然选择谨慎性经营战略，较少涉足农机具租赁业务，所惠及的农机具需求者也是不足。

（2）“第一承租人 + 第二承租人 + 出租方 + 供货商”的农机融资租赁模式。因为承租人个人信用水准、整体实力经营规模存在差别以及第二承租人与出租方的信息不对称，实践活动中往往会发生“第一承租人 + 第二承租人 + 出租方 + 供货商”这样一种模式。该模式是从上述第一种基本模式衍化而来，其参与主体包含第一承租人即整体实力极强的农机具需求方，如农机合作社或者专业农机租赁公司等；第二承租人即整体实力较差、经营规模小的农机需求方，如一些普通农户、种粮大户或者较小的农业合作社等；而出租方和供货商与基本模式一样。第一承租人有权利选定农机供货商或授权委托出租方选定供货商，作为出租方的第一承租人，对所租用的农机具保留名义上的占有权和所有权，能够对外公开出让这种支配权，并定期向第二承租人收取约定的租金，同时有权利定期核查租赁农机具的运用情况。其主要职责是定期向出租方支付租金。第二承租人的农机具的租赁需求通过第一承租人来实现，其有权利选择第一承租人作为具体的出租方，并可以直接或者间接参与供货商的选择确定，作为农机具的最终使用者，对所租用的农机具拥有事实上的占有权和使用权。其主要职责是定期向第一承租人交纳租金，并搞好农机具的维护保养工作防止农机具发生意外。出租方对其所选购的农机具拥有所有权，按时从第一承租人处取得租金，也有权利按时核查农机具的运用情况。其主要职责是依据第一承租人的要求选择供货商或经销商并购置特定的农机具，并按时向供货商付款。而供货商的职责权利和上一种模式保持一致。这种模式的工作流程与上一种模式主要不同在于必须签署转租赁合同，即第一承租人与第二承租人达成共识后，彼此签署转租赁合同书，其他步骤基本一致。

农机合作社、农机租赁公司等有着在农村的“第一线”工作经验，对农民或技术专业种植大户个人信用水准、融资需求等信息内容有较为充足的把握，出租方更想与该类承租人开展租赁业务，而分散化的普通农户农机具

需求可以间接通过该类承租人获得满足，这是这类模式的优势所在。但是因为实践中该类模式存在两个承租人，租赁买卖和利益链接变得更为繁杂，职责、利益有时候划分不够明确，非常容易产生责任主体不明的风险。尽管出租方与第一承租人发生的租赁业务能够减少一些风险和降低交易成本，但是第一承租人与第二承租人之间的租赁行为依然存在许多风险。

（3）农机厂商系融资租赁模式。该模式是指农机制造商同时也作为出租人直接将农机设备租赁给承租人，承租人以分期偿付租金的形式获取一定时期内的使用权，租赁期满，承租人获得农业机械的所有权，其中涉及的主体只包括农机制造厂商和承租人双方，并不包括上述两种模式中的“出租人”。比如现在比较典型的约翰迪尔融资租赁公司开展的业务。厂商系的融资租赁公司的目的是配合生产商的销售而成立融资租赁公司，不以营利为目的，为客户或经销商提供低利率的政策来促销自己的产品。此种农机融资租赁方式下，厂商可以尽快售出库存商品，获取资金。承租人可以以较低的资金获得农机设备的使用权，提高自身生产效率。同时，由于没有第三方的介入，农机制造商和承租人都会降低一部分成本，但与此同时对于农机制造商本身而言存在一定风险，比如，对承租人资格审核程序过于宽松，可能由于风险管理能力不足，缺少有力的辅助风险控制手段，最终导致坏账。厂商系农机融资租赁业务主要针对的客户是大型的农机合作社、大型农场等。

结合实际调研情况，本书所研究的农机融资租赁业务主要是指开展得较为普遍的第一种模式，即“承租方 + 出租方 + 供货商”的直接融资租赁模式。在调研中涉及的厂商系农机融资租赁公司针对农机合作社、大型农场开展的农机融资租赁业务由于不具有普适性在此不做专门的研究探讨。

2.2 理论基础

2.2.1 农户行为理论

农户行为是农业经济学研究中的一个关键主题，也是“三农”问题，归根到底是农民问题，所以也是研究“三农”问题的逻辑起点，是农业经济学微观研究领域很多主题的理论基础，当然也是学界研究应用最广泛的理论。本书为科学研究农户农机投资行为和农机融资租赁参与意愿及选择偏好，首先对农户行为的理论进行了梳理。

2.2.1.1 农民参与行为理论

传统的农户是由血缘关系维系而成的一种社会组织形式。它内涵着多个辩证统一的关系，既有投入和产出的统一，也有融资与筹资的统一，还有生产与消费的统一，也是个体和组织的统一。因此，农户的行为是组织个体的消费行为与组织的融资、投资及生产等行为的有机融合。农户作为一个整体组织，所有成员有共同的组织经营目标——组织利益最大化，每个个体成员会将追求组织共同利益最大化作为行动目标和行为准则，以此指导家庭进行生产经营活动。他们共同承担着社会赋予的责任，并且在不断自我完善的过程中提高自己的社会地位和影响力。作为一个消费主体，每个农户都必须通过各种渠道来首先满足自身的衣食住行等各方面基本的生活消费需求，但是随着收入水平的提高，农户的消费水平也会不断升级优化，进而满足自己无限的需求欲望。关于农户行为的经典理论主要有三个著名的学派：以俄罗斯经济学家 A. 恰亚诺夫（A. Chayanov）为代表的劳动——消费均衡学派，以美国经济学家西奥多·舒尔茨为代表的理性小农学派，以及以著名历史社会学家黄宗智为代表历史学派。

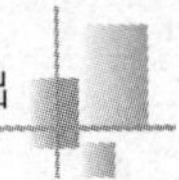

（1）劳动—消费均衡学派。A. 恰亚诺夫基于改革前对俄罗斯小农经济研究提出的“自给小农经济”理论，并且从社会学的角度研究农户的定义特征，即农户是以家庭成员劳动为基础的、自给自足的农民生产单位。他认为古典经济学理论不能解释农业经济问题，理性经济人假设不符合农民经济的实际情况，特别是小农经济。A. 恰亚诺夫研究认为以小农家庭为基础的家庭农场的生产经营不依赖于雇佣工人，而仅依靠在家中的自有劳动力来从事农业生产。另外研究发现以小农家庭为基础的生产经营活动主要目的是满足家庭自身的生产和消费需求，而不是更好地追求完美的收益，其由此构建了研究小农经济的微观理论基础和宏观理论基础。其中微观理论认为农户家庭的生产经营目的是基本生存而不是追求利益最大化，农户的一般行为都会遵循劳动—消费均衡模式，而农家的投资活动基本目的都是延续简单再生产，维持自己的生存权益。

（2）理性小农学派。西奥多·舒尔茨（Theodore Schultz，1964）在其代表作《改造传统农业》中否定了农民是愚昧的或没有理性的传统观点，认为理性经济人假设同样适用于农户的经济行为分析。他认为小农也属于传统农业的范畴，有些人也具有开拓精神，可以有效的配置自身的资源，追求利益最大化。小农作为理性经济人，不亚于所有资产阶级企业家的理性决策。传统农业也可以像现代工业一样为社会经济发展作出更大贡献。关键问题是农户在追求利益最大化的过程中，如何通过自主创新以追求更大的利润空间，然后更新和改造传统农业经营模式。这种改变的前提是必须向传统农业注入新的生产要素，比如农业生产的技术进步和革新，加大对农业生产技术的开发和应用。而技术进步的关键要素还是人，所以要加大对农牧教育和培训的力度，提升农民综合素质，以此来改变农户的生产和消费行为。

（3）综合小农历史学派。我国历史社会学家黄宗智在总结劳动—消费均衡学派、理性小农学派和马克思主义农业经济理论的基础上形成了独具特色的综合小农历史学派。综合小农理论基于我国的小农户发展现状认为小农

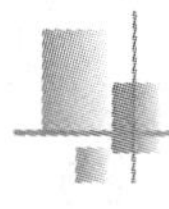

户在经营过程中在保证自身家庭的基本生计需求的基础上，也会理性追求经济利益最大化，当然同样在社会分工中受到剥削。黄宗智认为农户家庭可能没有边际报酬递减的概念，或者由于农户受其他因素的制约，当剩余劳动力不能转移的情况下，劳动力机会成本几乎为零，所以农民即使在劳动回报极低的情况下仍然会继续工作。随着农业生产效率的提高，农户家庭普遍存在劳动力过剩情况，城乡二元结构体制下，劳动力不能自由流动，对于一个为生计而劳动的小农来说，只要有报酬他就会继续投入剩余劳动，而根本不会考虑劳动力的边际报酬是否高于机会成本。因为所谓的机会成本对于小农户来说是无法企及的机会，而对于其家庭来说只要有劳动报酬边际效用就是极高的。

2.2.1.2 农户选择偏好理论

关于农民偏好的理论主要有古典经济学派的有限理性经济人理论、个人效用最大化理论、农机技术外部扩散理论三种理论。

（1）有限理性经济人理论。古典经济学家普遍认为，每个参与社会经济活动的理性经济人都是以个人利益最大为目标的，他们的选择行为是“理性经济人”假设的，所有的行为的行动准则都是“利己”，即以最小的代价获得最大的收益，努力追求个人利益最大化，“理性经纪人”已成为考虑所有个人行为的先决条件。社会经济活动所有参与主体的决策均被视为由理性经济准则作出的最终结果。但是这种理论将个体行为研究假设得过于理想化而与现实相悖。随着经济学理论的不断完善，人们发现现实生活中的很多现象与这种“理性经济人假说”是相悖的，传统的古典经济学理论受到了很大挑战。因此出现了心理学和传统经济学有效结合的行为经济学。如果仅将个人利益最大化作为每个理性经济人的行为准则，那么行为经济学家就认为参与经济活动的参与者行为不单由主观决定，还会受到很多客观因素的影响和限制，很多个人行为选择是由经济和非理性因素决定的。人毕竟是社

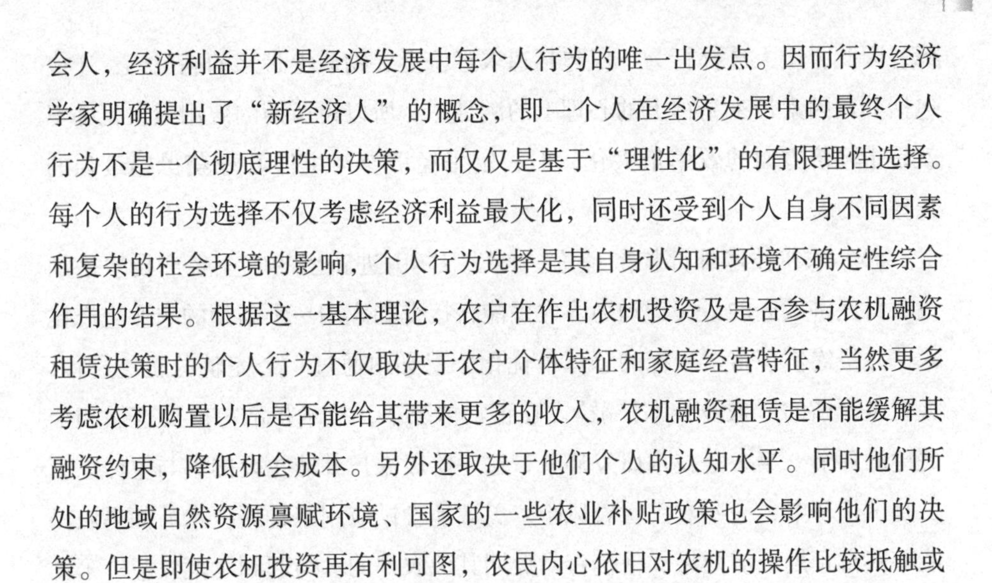

会人，经济利益并不是经济发展中每个人行为的唯一出发点。因而行为经济学家明确提出了“新经济人”的概念，即一个人在经济发展中的最终个人行为不是一个彻底理性的决策，而仅仅是基于“理性化”的有限理性选择。每个人的行为选择不仅考虑经济利益最大化，同时还受到个人自身不同因素和复杂的社会环境的影响，个人行为选择是其自身认知和环境不确定性综合作用的结果。根据这一基本理论，农户在作出农机投资及是否参与农机融资租赁决策时的个人行为不仅取决于农户个体特征和家庭经营特征，当然更多考虑农机购置以后是否能给其带来更多的收入，农机融资租赁是否能缓解其融资约束，降低机会成本。另外还取决于他们个人的认知水平。同时他们所处的地域自然资源禀赋环境、国家的一些农业补贴政策也会影响他们的决策。但是即使农机投资再有利可图，农民内心依旧对农机的操作比较抵触或者不具备这个条件，那么他会减少甚至拒绝农机购置转而雇佣农机服务。所以说，有限理性假说更符合农户合理性行为决策的准则。

（2）个人效应最大化理论。简而言之，“效用”是指顾客从购买的产品中所获得的满足程度，是消费者内心的一种主观感受。微观经济学关于效用论研究主要基于两种理论，一种叫基数效用论，另一种被称为序数效用论。基数效用论认为消费者从每一次行为中所获得的满足程度是可以用基数衡量并可以加总求和。而序数效用论认为消费者从每一次消费行为中得到的满足程度只能进行彼此之间的比较排序，即对不同行为偏好程度不同。经济学家认为，消费者行为会遵循“在一定约束下效用最大化”原则。也就是说，在一定的收入条件下，经济活动参与主体肯定会选择为自己带来更大效用的消费行为。经济学中的显示偏好定理还规定，在一定预算约束条件下，消费者会根据自己的消费偏好作出对自身来说效用最大化的选择。这种偏好的形成源于消费者的经历、经验、个性、成长的环境及获得的知识等诸多复杂因素共同作用。但是这种选择不仅由理性偏好决定，而且还与其他非市场因素有关。行为经济学家补充顾客的个人行为并不是从追求效用最大化为唯一目

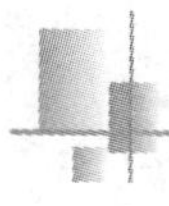

标，因此，个人选择行为不仅包括追求经济上、物质上带来的满足感，还应包括其他因素带来精神上的心理上的满足感。所以说所谓的效用最大化并不就是指经济方面的效用最大化，但一定是经济参与主体心理获得感最强的选择。

（3）农机技术外部扩散理论。农民不断引进新型的农业生产技术是加快农村经济发展的最关键动力。农民能否接受和应用一项新型的农业生产技术，并最终实现多个目标的总体最优化，就必须通过一个完整的轨迹过程，这就是所谓的“农业技术扩散”。在正常情况下，技术扩散一般要遵循四个关键的环节。第一是技术研发环节，这一阶段农户并非主要的参与主体。第二是试用环节，一些农民冒着风险，勇敢地尝试应用某种新技术。如果农民能够获得预期经济效果，他们将对后期其他农户的参与起到示范效应。第三是推广环节。如果在此环节中应用了该技术的农民取得了明显的效果，并可以继续下去，则表明这种良好的外部扩散效果将在很长一段时间内实现用户稳定增长。如果推广环节不顺利，它将尽早进入下一个环节，即第四环节锐减环节，即由于推广应用中出现了一些问题或技术已经实现了更新换代，应用该技术的农户总数就会大大减少。此理论虽然是农户的消费理论，但是农机融资租赁作为一种金融服务，其实当前正处于推广环节，在这个过程当中如果不能很好推广利用支持农业机械化发展，当有一天农村金融市场不存在由于信贷配给导致的融资约束时，农机融资租赁的发展空间将被大大压缩。

2.2.1.3 对本书的启示

以上各学派的理论都有其合理的一面，但是任何一种理论都不能单独解释农业经济发展过程中的问题。特别是在我国，农村资源要素结构的特殊性决定了我国农民行为的独特性。研究中国的农户行为更要结合中国农村的现实情况。本书研究的农户农机投资行为和农机融资租赁选择偏好都要基于农户行为理论分析。依据农户参与行为理论，农户农机投资行为和农机融资租

赁选择偏好都会基于个体的特征而作出有限理性的选择。

2. 2. 2　农村金融市场供求理论

农村金融市场的特殊性在于农业生产周期长，回报不稳定，而农业生产的特殊性造成了农村金融市场供需双方的巨大错配，形成很大的资金缺口。所以，要解决农村金融市场中存在的问题，先要厘清农村金融市场的供求双方以及其均衡关系，这也是所有研究农村金融市场理论的出发点和归属点。

2.2.2.1　农村金融市场的需求理论

农村金融服务的需求是多样化的，随着农村社会的发展，生产技术的变化，生产经营结构的变化，农民收入水平的提高，农村的金融服务需求也在不断的变化。但是，目前来说，农村金融需求的研究主要还是集中在信贷需求。市场需求泛指现代社会中人们对于市场上各种客观事物的迫切渴望和需要。在现代市场经济下，市场有效需求是指需求方在某一地点、时间、环境以及一定的经济条件下对某种商品或服务的意愿并且能够购买的数量。而农村的金融市场需求是泛指农村金融市场上农户或者其他农业生产经营主体对于资金或者信贷的需求。与城市的金融市场相比较而言，农村金融市场需求有其自身的独特性。从需求的动机来看，农村金融服务需求主要来源于以下三个方面：一是处于对新的生产经营获得投资的起步资金或者扩张现有的生产经营规模而产生的资金需求。为满足这些需求服务的金融市场被称为固定资本市场，所借的资金往往被投入购买固定资产，修建农业生产设施等。二是正在进行的生产经营获得也存在资金需求，这主要因为大部分农业生产在正常的生产支出与获得收入之间存在一个较长的时滞，这时候农户往往会从农产品收购商那里获得预付款来满足资金需求，最终在农产品销售的时候抵扣掉预付款部分。这种市场被称为运营资本市场。三是消费信贷需求，一般是有急需要使用现金来消费的贫困农户产生的需求。之所以会产生这种需求可能是因为生产中突然出现低迷或者农产品价格暴跌，或者是因为疾病、死亡或者节庆活动的消费突然增加导致的。

也有学者从产业层面、市场层面和制度层面探讨农村金融市场的需求理论。从产业层面来看，由于农业生产的季节性较强、周期性较长，投资回报率较低、受自然条件影响较大等特点，决定了农村金融市场对于资金需求的特点。从市场层面来看，农村落后的教育、交通和通信设施，大大增加了需求主体的交易成本。另外由于农村经济市场上供需双方的信息不对称，也会导致一些有潜在需求的信贷需求者放弃信贷从而形成需求抑制，这些方面都将减少农村金融市场的有效需求。而农村的教育、交通等基础设施的落后，在无形中加大了信贷企业进入农村金融市场的难度，使得有效需求也难以得到满足（Claudio Gonzalez – Vega，2003）。从制度层面来看，发展中国家的金融体制普遍存在“二元结构”特征，这主要表现在两个方面，一是相对发达的城市金融体系与落后的农村金融体系并存；二是正规金融与非正规金融并存。而农村金融市场普遍存在由于信贷配给产生“金融抑制”现象。而普遍存在的农村金融抑制使得利率的传导机制不健全，从而影响储蓄向投资的转换，另外，也造成了农村信贷资金配置的非市场化。而农村金融市场的有效需求不足，一是因为农户消费需求不足，二是金融供给制度政策压抑的结果，比如正规金融机构抵押担保门槛的设置将抑制农户的金融需求。

2.2.2.2 农村金融市场供给理论

在市场经济环境下，影响农村金融机构供给的因素既有来自金融行业自身的，也有来自国家制度层面的。农村金融产业的先天弱质性、供需双方的信息不对称、缺乏有效的抵押担保以及普遍的金融抑制决定了有效供给的不足。市场有效供给是指在某一时期、条件下，一定的市场范围内供给者能够提供给需求方的某种商品或服务的数量，并通过这种供给行为获利。农村金融市场供给特征主要表现为两个方面：从产业层面来看，农村金融市场存在

弱质性。农村基础设施差，农业生产效益低，对金融机构吸引力弱。此外，多数农户教育程度较低，信息来源较窄，对于相关知识信息了解甚少，因此需要机构前期投入大量“拓荒成本”。另外，农村征信体系尚未完善，农村金融供给市场存在严重的信息不对称现象，因而市场面临较高的道德风险。农村金融机构与农户交易后，无法了解、监督农户后续的发展情况，因此农户存在逃避或无力偿还资金的可能性，造成农村金融机构的损失。由于农村基础设施的落后、信息化程度不高，农户的信用状况难以确定，农村金融产业的这种弱质性导致金融机构在开展农村金融业务的时候交易成本过高，影响其金融服务供给的积极性。而农村金融市场普遍存在的信息不对称，贷前的逆向选择行为导致金融机构无法利用有效信息进行信贷配给，从而导致非价格的信贷配给（Stiglitz and Weiss，1981）。而信息不对称现象在农村金融市场贷后导致的道德风险也是金融机构缺乏供给积极性的主要原因。在实践中往往通过一个完全抵押的信贷合约来解决因信息不对称而产生的“道德风险”问题，但是农户又普遍缺乏有效的抵押物，或者有抵押物但是发生违约后的执行抵押物的成本又太高，因此借款者会表现出“风险偏好”的特征，所以抵押品的缺失和道德风险的存在，也是农村金融机构信贷供给不足的主要原因。而农村金融市场普遍存在的金融抑制，也阻碍了农村储蓄向投资的转化，从而减少了农村金融资金的供给。

2.2.2.3　农村金融市场的供求均衡理论

按照市场供求均衡理论，有效市场上产品或者服务的需求和供给最终会随着市场价格的变动形成一个市场供求均衡点，使得资源能够达到有效配置的状态。但由于农村基础设施条件较差、金融市场交易成本高、供需双方的信息不对称普遍存在等原因导致农村金融市场并非有效市场，所以现实中的农村金融市场供求不均衡是一种常态。这就导致了农村金融市场无法实现有效配置资源服务农村经济发展的目的。而面对这种非均衡的农村金融市场状

态，各国政府对农村金融市场进行适当的政策干预就会成为必然，而利率管制和补贴政策往往会成为政府干预农村金融市场的首选工具。

按照正常的供求定理，农村金融市场普遍存在的信贷配给必然导致供小于求，以及金融机构过高的交易成本必然导致农村金融市场利率水平普遍高于其他产业。但是农业生产经营本身的弱质性特征又决定其无法承受过高的融资成本。如果按照市场均衡利率发放信贷资金，将会挫伤农业经营主体投资的积极性，导致农村金融市场的进一步失衡。因此，为了增加农村金融市场的信贷供给，降低农业发展的利息成本，政府会通过建立政策性银行或者通过国有商业银行来执行低利率政策。但是低利率导致农户的资金需求增加的同时，金融机构减少资金供给，形成信贷资金缺口，因而农户会寻求非正规金融机构进行融资。另一种政府干预手段就是提供补贴，但是关于政府是否应该对农村金融市场进行补贴，理论界一直存在很大的争议。学界主流观点认为目前完全市场化的政策并不能解决农村金融困境。由于农村金融市场发展不成熟，属于整个金融体系中最薄弱的环节，政府在促进农村金融发展中必须发挥重要作用，政府必须通过政策支持引导正规金融机构或者是其他的一些私人金融服务主体到农村金融市场进行拓荒，只有这样农村金融市场才有可能走出困境。所以正常地发挥政府对于农村金融市场的补贴干预还是必要的，而关键的问题是如何进行补贴最为有效。目前来说主要有两种渠道：一种是直接进行直接补贴或是利息补贴；另一种就是政府通过对参与农村金融业务的金融机构进行再贴现的方式提供补贴，通过金融机构进行转移支付。

2.2.2.4　对本研究的启示

农村市场供求理论认为农村金融市场普遍存在信贷配给问题，供求非均衡状态是常态。而农村金融市场的有序发展需要政府进行政策干预，调动各种金融供给主体，参与促进农村金融市场发展。本书的研究视角融资约束是

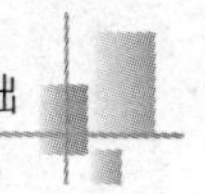

农村金融市场最典型的特征，而融资约束衡量的理论基础就来自农村金融市场的供求矛盾。而政府进行政策干预，调动各种金融供给主体参与促进农村金融市场发展也是农机融资租赁业务发展的理论前提。

2.2.3 融资租赁理论

关于融资租赁的理论基础学界主要从税率差别理论、债务替代理论、代理和破产成本理论三个方面去探讨。

2.2.3.1 税率差别理论

由于不同的国家、不同地区、不同行业存在一定的税收差别，企业可以通过融资租赁业务进行税收优势传递，进行合理的税收规避。也就是说税率相对低的企业将设备卖给税率高的企业，通过售后租回的形式实现税收优势传递，然后双方通过租金调节进行利益分配，共享税盾收益。所以说只要企业之间存在税率差异，就会存在通过融资租赁进行税收筹划的动机。另外有一些特殊的产业还享受税率优惠政策，还有些国家制定鼓励融资租赁资产加速折旧的政策，这些政策对企业开展融资租赁业务形成有力的驱动。所以税收差别理论认为，出租人和承租人的税率差异是融资租赁产生的根本原因。当然也有学者的研究结论不支持税率差别理论，认为驱动融资租赁的主要因素在于租赁资产的专有属性和便利性，而并非税率差别。

2.2.3.2 债务替代理论

企业有很多种融资渠道，具体可以分为权益性融资和债务性融资，比如发行股票、引进战略投资人等属于权益性融资，而发行债券、借款等则属于债务性融资，而在实践中这些融资方式是可以相互替代的。对于企业来说不同的融资对于企业的财务状况、经营业绩、收益分配等方面的影响是不一样的，因此企业会出于融资成本最小化的原则寻求最佳的融资方式。所以债务

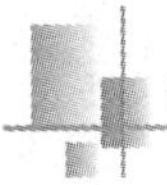

替代理论认为融资租赁就是企业债务融资的一种替代形式，融资租赁和借款筹资会呈现出此消彼长的趋势，是可以相互替代的。企业无论通过什么样的渠道筹集资金，最终的目的是进行生产经营投资，如果投资的标的物是适合开展融资租赁具体的生产设备，那么融资租赁就会成为企业债务性融资的有效替代方案。当然也有研究认为融资租赁和债务融资两者的关系为互补而非替代。因为债务越高的企业所受的融资约束程度越高，进而会寻求通过融资租赁这样的融资方式来缓解融资约束，当然两者到底是互补还是互替的关系主要还是和企业的异质性有关系，这种不确定的关系后来被学者们称为“租赁之谜”。

2.2.3.3　代理和破产成本理论

代理和破产成本理论的核心观点是，对于容易出现代理问题的风险企业，融资租赁可以有效降低债权人与债务人之间的委托代理成本。同时，融资租赁还可以减少破产风险，降低破产成本。根据理性经济假说，代理理论认为，代理人的行为准则是使自己的利益最大化，而不是使委托人的利益最大化。债权人更关注债务人是否能按时偿还债务，形成稳定的回报，而债务人的目标是最大化利用借来的资金，在预期回报较高的领域实现投资回报最大化。虽然实践中会通过债务合约来协调两者的通透利益，但是债权人依然会承担很大的违约风险。融资租赁与债务融资相比，出租人本身承担的风险相对于债权人来说会小得多。融资租赁业务中租赁物本身可以作为抵押物，在法律上出租人拥有租赁资产的所有权，当发生违约的情况时，出租人可通过收回租赁资产来将损失最小化。对于债权人来说，债务人只是以财产作为抵押担保，一旦出现破产违约时，取回抵押财产的难度非常大，执行成本很高，通常损失较大。

2.2.3.4　对本书的启示

现行的融资租赁无论在理论上还是在实践中都非常成熟，但是关于农机

融资租赁的理论支撑并不能完全等同于其他行业的融资租赁业务。比如税率差别理论无法解释农户的农机融资租赁行为，而债务替代理论、代理和破产成本理论，可以作为农户农机融资租赁行为的理论依据。

2.3　本章小结

本章首先从文章涉及的基本概念出发，从农业机械和融资租赁概念的界定引出对农机融资租赁的概念及其类型模式进行阐述，提出本书所指的农机融资租赁是指由农户、融资租赁公司和供货商三方构成的常规融资租赁模式；然后结合文章后续研究理论支撑需要，阐释了农村金融供求理论、农户行为理论以及融资租赁理论。农村市场供求理论认为农村金融市场供求非均衡状态是常态，普遍存在信贷配给问题。而农村金融市场的有序发展需要政府进行政策干预，调动各种金融供给主体参与促进农村金融市场发展，这也是农机融资租赁业务发展的理论前提。而农户行为理论能有力支撑农户的农机投资行为以及农机融资租赁选择偏好。而融资租赁理论的债务替代论和代理和破产成本理论能很好解释农户参与农机融资租赁的选择偏好。

第3章

农户农机购置行为及融资租赁选择偏好研究的理论分析框架

基于上述理论基础和对已有文献的分析，结合调研过程中了解的现实情况，可以确定的是无论是小农户还是其他新型经营主体部分都是有农机购置意愿的，在存在融资约束的背景下广大农户对于农机融资租赁还是表现出很大的兴趣并有一定的参与意愿。虽然不同的经营主体、不同的农户之间存在一定的个体差异，而地域的自然资源禀赋特征也会对农户的农机购置行为和农机融资租赁的参与意愿产生影响。如果我们将农户等各经营主体看作一个整体，通过分析农户的普遍行为，来概括研究农户的农机购置及参与融资租赁选择行为。基于融资约束的视角，遵循“提出问题—分析问题—解决问题”的准范式逻辑，从识别农户在农机购置过程中是否存在融资约束出发，进而研究融资约束对于农户农机购置行为的影响，当然农户农机购置行为还受户主因素、家庭状况、生产经营特征和外部环境等因素的共同影响。而农机融资租赁作为一种新型的金融创新工具能否有效缓解农户农机购置过程中的融资约束状况在于能否基于各方利益设计出有效的方案，而前提之一就是要充分考虑承租方——农户的参与意愿和选择偏好。因此，本章研究的切入点为农户农机购置行为的融资约束，然后从购置意愿和购

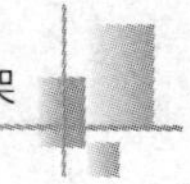

置金额两个方面对农户农机购置行为的影响因素进行分析，重点研究融资约束对其的影响，进而对具有农机购置意愿的样本农户进一步分析其农机融资租赁参与意愿以及选择偏好，最后应用实证方法对上述理论分析进行检验并提出对策建议。

3.1　融资租赁缓解农户农机购置融资约束的机理分析

3.1.1　融资租赁缓解农户农机购置融资约束的内在动因

基于农村金融市场理论来看，农机购置融资需求属于典型的农业生产性固定投资需求。其显著特点是需求金额相对较大，回报周期相对较长，回报率受自然条件影响较大等。而农村正规金融机构贷款较少，农户缺乏借款融资渠道，缺乏充足的流动资金，缺乏有效的抵押品，这使得农户从农村正规金融市场上获得农机购置资金很困难。从现实情况看，中国农业银行经过前几年的“关停并转”后已经渐渐淡出农村贷款市场，在绝大部分农村地区已经没有营业网点；农村信用社作为农村金融市场上唯一的正规金融机构，在针对特定对象的特定金融产品和服务创新方面做得还不是很充足，对农户的金融需求是远远不能满足的。由于农业的生产经营有投资金额较大、回报时间较长、经营风险较高的这些特点，农业银行和其他商业银行很少愿意向一般农村经营主体发放大额贷款，特别是普通农户，正规的金融机构不能满足农户农机购置资金借贷的需要，在一定程度上阻碍了农业机械化发展。而农机融资租赁让农民由“直接购买”变为“先租后买”，大幅度减轻一次性投入资金的压力，成为缓解农民农机购置融资困难的一个有效渠道。农机融资租赁模式使得农户大大减少前期资金投入压力，同时按期积极将农业机械应用于生产中去开展农业生产，推动农业机械化的发展。

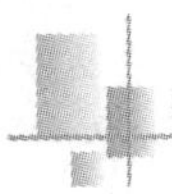

融资租赁公司着力发展农机融资租赁的原因主要在于，一方面农业机械特征符合融资租赁行业租赁标的的要求，农业机械是一种相对优质的租赁物，比较适宜开展融资租赁。另一方面，伴随着农村劳动力外出务工增加、土地流转加速等，我国农业发展已进入新的阶段，正从传统农户分散经营向集约化、专业化、组织化、社会化相结合的新型经营体系转变。经营规模的扩大，让新型农业经营主体对大型农机具、高性能、复合型机械的需求越来越旺盛。未来，随着农业现代化以及农业供给侧结构性改革的积极推进，农业生产提质增效的需求将促使农业机械化水平不断提升，农业机械对我国农业现代化的支撑能力将进一步提高，农业机械领域的融资需求也将进一步提升。按照美、日、欧等国家农机领域的融资租赁渗透率 15% ~30% 的水平来看，我国农机融资租赁市场潜力巨大。农机经销商作为市场上连接农机厂商和购机农户的重要纽带，同样在积极寻求变革调整，适应市场的变化，想办法把缺乏资金的潜在客户转变为现实客户，主动寻求融资途径，为农户做好解决资金问题。而国家也在大力提倡通过金融创新来解决农村金融市场上的突出问题，坚持以市场化导向发展农村金融市场。支持和鼓励金融租赁公司积极开展大型农机具金融租赁试点，并且明确允许符合条件的金融租赁公司享受农机购置补贴政策等。有政府层面的政策加持支持农机融资租赁发展，推动农业机械化进程，未来农机融资租赁在农村的业务范围可能进一步扩大，市场规模也将持续扩大。

综上所述，农机融资租赁发展的内在动因在于农村金融市场中农机购置资金需求和供给的共同作用。农机融资租赁缓解融资约束影响农户农机购置行为分析框架如图 3 -1 所示。

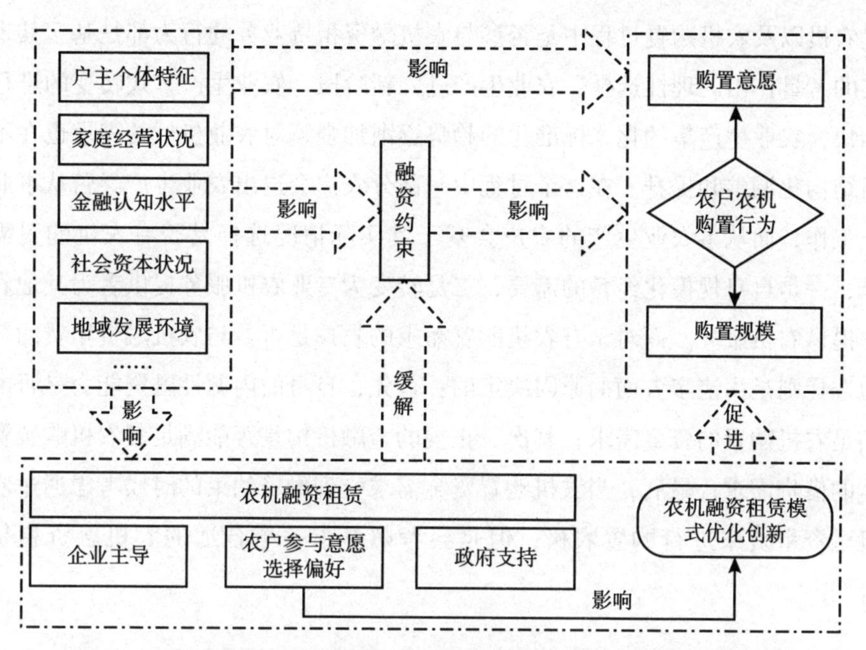

图3-1 农机融资租赁缓解融资约束影响农户农机购置行为分析框架

3.1.2 农机融资租赁参与主体的行动逻辑

农机融资租赁的有效实施和开展是一个系统工程，在这个金融工具中所涉及的参与主体承租方——农户、出租方——融资租赁公司、供货方——厂商或经销商甚至包括政府有关部门等都直接和间接地影响到了农机融资租赁的有效实施。然而，无论是农户、融资租赁公司还是厂商经销商，都是理性经济人，在整个参与过程中都有各自的利益诉求，每个主体都有自身的决策行动逻辑。

3.1.2.1 承租方

基于农户行为理论，无论是理性小农理论还是劳动—消费均衡理论以及综合小农理论都是基于一定的假设基础上研究农户的行为的。而农户是否购

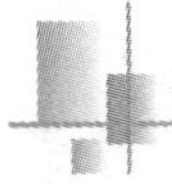

置农机以及农机购置过程中是否参与农机融资租赁业务的行为都是基于其现实的考量作出的理性选择。农业生产进入新阶段，农业生产方式转变的进程加快，农业生产集约化、标准化的趋势逐渐加强，对农业机械的需求也在不断结构化调整和提升。在这个过程中一部分农户会退出农业生产经营从事非农工作，而从事农业生产的农户会基于其实际情况选择是否有农机购置需求，一是自身规模化经营的需要，二是转变为专业农机服务提供者为其他农户提供农机服务。而对于有农机购置需求的农户是否参与农机融资租赁的行为选择则是由诸多方面的原因决定的：首先，自身的内源性融资能力是否能满足农机购置的资金需求；其次，正规的金融机构是否能满足其农机购置资金的借贷需求；最后，当农机购置资金需求受到融资约束的时候考虑通过农机融资租赁来进行购置农机，但是会考虑寻求一个合适的农机融资租赁合约。

3.1.2.2 出租方

基于企业行为理论分析融资租赁公司首先要基于企业的性质，金融企业本身就会趋利避险，而农户作为抗风险能力低的群体，农村金融市场作为风险较高的市场，农村金融市场的弱质性决定了融资租赁公司涉足农机融资租赁市场都相对来说谨小慎微。承租方在通过出租方与农机供货商选定农业机械后，出租方在与承租方签订租赁合同前会对承租方的资质进行审核。资质审核中重点侧重关注承租人的还款能力、还款意愿、借款用途等。在与承租人了解相关信息的过程中也须通过沟通对客户进行信用安全教育，提高承租人的信用意识，降低违约风险。虽然在农机融资租赁交易过程中通过合约降低了交易风险，有利于企业发展扩大经营，但在收回承租人融资租赁租金时存在延期或逾期未还款的风险。所以融资租赁公司会在农机融资租赁市场的风险和收益中权衡作出理性的选择，这主要体现在租赁费率水平、资金回收期限、是否有抵押担保等合约要件内容，通过权衡这些具体的要素来设计合

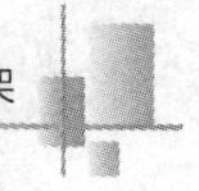

约开展农机融资租赁业务，通常会让农机商作承诺回购担保，以此来最低限度降低风险。

3.1.2.3　供货方

农机的融资租赁模式降低了一次性支付大量资金的要求，从资金角度提升农业机械的需求，对供货方来说农业机械的需求量上涨，供应商的产品销售也将得到进一步的提升。承租方通过出租方与供货商传达农业机械的具体需求，并根据需要选择其所需规格的农机设备，在出租方审核通过出租方资质并与承租方签订租赁合同后，承租方与供货方签订购买合同并按照合同约定的时间地点交付货款及农业机械设备，若合同并无其他规定则农机设备的所有权在交付时转移至出租方所有。融资销售使供应商农机的销售趋势上涨，增加供应商企业的收入及利润，使得厂商有更充足的资金能够投入农业机械的研发生产，提升整体的农业机械的质量和科技水平含量，出租方与承租方将拥有更多的、更加分工细化的、不同规格数量的农业机械的选择，将更大规模地将农业机械设备投入使用，从而再反向推动供应商的生产与发展。所以供货方参与农机融资租赁业务的积极性在于是否能提升其经营业绩，同时要权衡承担出租方要求提供农机回购担保风险的大小。

3.1.2.4　政府部门

虽然政府相关部门不直接参与农机融资租赁的契约环节，但是政府相关的政策导向直接影响农机融资租赁的发展。国家在多个政策文件里提出要大力发展农机融资租赁业务，鼓励企业和农户通过融资租赁业务，解决农业机械、生产设备、加工设备购置以及更新资金不足的问题。这也说明国家希望通过市场化手段解决农村金融市场不完善的问题。当然也需要国家和政府相关部门的政策引导。政府主管部门出台的政策导向和补贴政策等，极大限度上推动了农机融资租赁行业的发展。比如关于农机购置补贴政策的不断完

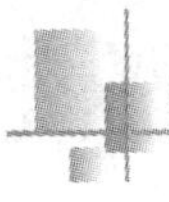

善，既提高了农户作为承租方进行农机融资租赁的积极性，推动了融资租赁公司等出租方更大规模地进入这一行业，使得更多的资金注入，推动农机融资租赁的发展，又使得农机厂商、经销商方面对日益增长的农机需求扩大农机的生产和销售规模，以有限的财政资金投入，借助融资租赁市场的力量，满足广大农业经营主体农机投资的需求。多方参与者相互促进，相互协调，共同推动了我国农业生产中农业机械的应用，提升农业生产的效率，推动农业生产的规模化和机械化发展。

3.1.3 融资租赁缓解农户农机购置融资约束的效应分析

3.1.3.1 微观效应分析

(1) 对承租方的效应作用。承租人方如农机租赁公司等通过农机融资租赁的方式可以融通资金、减少资金占用、盘活资产、提高资产流动性。通过融资租赁可以发挥与金融借款类似的作用，以融物的形式实现融资。农机租赁公司通过融资租赁的方式得到农业机械设备的使用权及收益权，其即可在尚未偿付清款项时便将农机采取经营租赁的方式出租给农户并按照使用时间收取租金，由此便有了一定的资金流入，通过此方式在融资租赁未到期之前便开始使用农机和获取租金，维持农机租赁公司的持续经营，也为按期支付融资租赁的资金提供保障。融租租赁也为承租人减少了资金占用，融资租赁降低了一次性投入较多资金的压力，降低了承租人的价格准入门槛，极大减少了承租人在前期的费用和资金投入，可以在减少资金占用的条件下，将剩余资金用于扩大规模，发展企业经营，促进农机租赁的发展，增加了农户对农机租赁的选择并且可以提升农业生产中农机的使用率，推动农业机械化的进一步发展。承租人还可以通过售后回租的融资租赁方式，盘活现有固定资产，将机械设备出售获取一定的流动资金，再将机械设备租回获得使用权，以此，在增强承租人资产的流动性的同时不影响企业的正常运营，维持

农机租赁的经营，降低农业机械设备的闲置率，从而盘活资产，提升资产的流动性。

（2）对出租方的效应作用。融资租赁方式出售产品的风险相对较低。普通分期付款出售农业机械等标的物的方式，若在合同中并无其他规定则标的物的所有权自交付时转移，但在后续期间若买方并未依照合同约定分期偿付货款，因此时标的物的所有权已经转移至买方，故卖方此时只能追究买方的合同违约责任。而在融资租赁方式中，在租赁期到期前农机的所有权归属于出租方，承租人享有使用权、收益权和占有权，若承租人到期不能清偿租金，则出租方有权收回租赁物，相较于其他类似分期付款出售农业机械的方式其潜在的风险相对较低。农机融资租赁模式的发展降低了初期的资金门槛，从而带动了农机租赁需求量的增长，对农机租赁行业的整体需求的提升产生了重要作用，为市场上融资租赁公司的发展提供了一定推动条件。

（3）对供货方的效应作用。对农业机械的供货方来说，农机的融资租赁降低一次性缴纳大量资金的要求，将提升农业机械的需求量，也会增加对农业机械的购买量，供应商的产品销售将得到进一步的提升。供应商的销售趋势上涨，其收入增加，提升资金周转的速率，使得厂商能够将更多的资金投入农业机械的研发、创新生产中去，提升整体的农业机械的质量和科技水平含量，提升数量规模，出租方与承租方将拥有更多的、更加分工细化的、不同规格数量的农业机械的选择，将此类农业机械应用于农业生产便可进一步提升生产效率，从而从生产角度促进农业机械化的发展。

3.1.3.2　宏观效应分析

（1）提升农业生产效率，促进农业现代化发展。在农机融资租赁模式开展的过程中，带来了先进的农业生产科技，改变了传统的农作模式，提高了农业生产效率，融资租赁能使农机租赁公司等出租人获得数量更多的机械设备，使更多农业生产者在农业生产的更多环节上广泛应用农机设备，使更

少的劳动力可生产更多产量的农业产品，提高了农民的经济收入，提高整体生产效率，提高农业机械化水平。农机租赁的经营方式符合我国现阶段农村购买力水平，在新时代的发展下，我国农民收入虽然较之前有了大幅度的提高，但农村农业生产者的购买力水平还较低，大多数农民难以拥有充足资金一次性购买农机，而通过融资租赁的方式却可以使农民在现阶段经济许可的条件下在农业耕作生产中使用上农业机械设备，用农机租赁的方式推进农业机械化的逐步深化，促进现代化农业的发展。融资租赁集融资与融物为一体，改变了传统的资本财产所有权与使用者合一的基本原则，实现了两者的分离。这一独特的资源配置功能和全新的筹资方式，使资金短缺的农民和农业企业不仅能够引进先进和实用设备，解决农机投入不足的问题，还可避免无形损耗带来的投资风险，提高了生产要素的使用效率和资金利用率。

（2）发展农村金融市场，优化金融资源配置。优良的金融资源能够为一地区发展农业机械化提供强大支持，改善金融资源的配置以更好的发挥金融对农业机械化发展背后的支持作用。面对价格高昂的农业机械设备，出租人购买农机的资金不足的问题通常会通过向金融机构获取贷款来解决，而对于金融贷款机构而言，介入农机融资租赁业务，拓宽了业务模块，扩大了贷款业务的规模，增加贷款机构资金流动性，提升资金周转的速率。农机融资租赁以实物资产为融资载体，有利于将贷款风险降低在可控范围内，企业还可再增加其他相关中间业务，从而增加信贷企业的业务收入。金融机构的逐利性，使资金供给与需求之间还存在着较大的缺口，金融资源配置效率偏低。虽然已经初步建立了金融支农体系为农业发展保驾护航，但是商业银行等金融机构必须建立健全并完善以农业信贷为主导，以农业保险为保障，以政府财政补贴为动力的综合性金融支农体系。通过财政资金引导，带动信贷、保险资金一起投入农业机械化，提高金融资源配置效率。

（3）发挥经济杠杆作用，促进投资和消费。融资租赁农机的模式提升

了农业机械化水平，农业生产者通过支付较少资金便能获得农机使用权并应用于农业生产，大大减少了一次性购买的资金需求，降低资金压力，从而提高了农民参与农机融资租赁的积极性。农民参与农机融资租赁的积极性和投入的资金量大幅提升，将推动出租方增加对农机的购买欲望并开展农机融资租赁业务，而对农机生产厂商而言，面对农机需求的增长，其势必也会相应追加投资，增加农机的生产和制造。发展农机融资租赁的经营模式，有助于农机租赁公司或专业农机户的发展，推广经济效益良好、生产效率高的新型农业机械，有利于提升农业机械应用的经济效益，在降低农业生产者初期投入的同时还提升效益，增加收入，使得农户拥有更充裕的资金进行其他方面的投资和消费。由此可见发展推广农机融资租赁业务，是刺激农机的有效需求、促进消费投资的重要途径。

（4）利于促进农业增产、农民增收。农业生产机械化可以提升农业生产效率，以更少的劳动力生产更大产量的农作物，从农业中释放出的大量的劳动力可以进入其他行业，获取更多非农收入，增加农民收入。农业机械在农业生产中的应用提高农业机械化水平，促进农业生产科学化，农业生产相关原料如种子、农药、肥料、灌溉水的使用率提高，节约投入的原材料数量，降低单位产品的生产成本，也有利于农业大规模集约化经营，促进农业产量增加。

3.2　农户融资约束识别机制分析

3.2.1　融资约束的类型识别

融资约束是从金融市场上的需求方的信贷可得性和供给方的信贷配给发展而来的，其实质是由于金融市场存在信息不对称，从而导致信贷市场的非出清均衡，所以也被称为信贷约束。目前大部分学者都从供给和需求两个视

角对其进行分析，最终将融资约束确定为供给型融资约束和需求型融资约束两大类。也有学者从具体的产生原因和结果将其分为名义融资约束和实际融资约束，还可以按照所受约束程度分为完全融资约束和部分融资约束等。

3.2.1.1 需求型融资约束与供给型融资约束

关于农户融资约束一直是学界研究的热门话题，很早就有国外的学者提出发展中国家的金融制度安排最大的特征就是信贷约束（Shaw E. S.，1973），并且从供给的角度研究了金融机构对农户的信贷约束问题（McKinnon R. and Shaw E.，1973）。同时融资约束也不单单来自正式金融机构和非正式金融机构等供给方，也有可能来自需求方。因为农户可能会基于利率过高或者贷款获得率过低而自愿放弃申请贷款。也有可能因为对金融机构信息了解不足、信息不对称导致需求者放弃申请贷款（Pischke V and Donald D W，2010）。因而，大部分学者的研究都把融资约束按照产生的原因分为需求型融资约束和供给型融资约束（张应良等，2015；李岩等，2013；程郁等，2009）。现实中大部分融资约束都源于信贷配给，属于供给型融资约束，但是也不乏有由于农户因为考虑到手续繁杂、不满足抵押要求等困难而放弃寻求正规的金融机构申请贷款，这表明农户对信贷渠道和贷款过程的了解和认识会影响到农户的融资行为，从而形成需求型融资约束。供给型融资约束是指由供给方——金融机构方面的原因导致的融资约束，它是农户被动接受的，即农户向金融机构申请贷款时由于种种原因只能获得部分贷款或未获得贷款；而需求型融资约束是指由农户自身决策导致的融资约束，它是农户主动选择决策的结果，即农户没有直接受到金融机构信贷配给，但其有效融资需求小于其实际资金需求。

3.2.1.2 名义融资约束和实际融资约束

也有学者将农户的融资约束按照具体的原因识别为名义融资约束和实际

融资约束（魏昊等，2016）。当处于金融机构基于非能力因素限制造成的融资约束，比如对于年龄大的不放贷、贷款手续太繁杂、没有合适的抵押物或者担保人时则属于名义融资约束；如果农户存在“银行没有熟人贷不到款”等认知偏差而造成的融资约束也可归结为名义融资约束；另外就是由于银行能够提供的贷款额度太小、贷款期限太短等原因导致实际贷款额度无法达到预期需要的额度同样会造成名义融资约束。但如果农户向金融机构申请了贷款但是无法获批则是典型的实际融资约束。这种观点与以往研究观点不同的是如果农户因为自身感觉无还款能力、利率太高无法接受或者有其他借款渠道不去选择正规金融渠道贷款则属于非有效信贷需求，即农户为无融资约束。从名义融资约束和实际融资约束的角度来看，现实中农村金融机构由于短期、小额贷款的投放量逐年增加，完全的实际融资约束很少，而名义融资约束相对来说更普遍。农户是否面临融资约束问题，需要识别农户是否从正规的金融机构获得了预期的贷款来加以确认。另外再结合贷款额度与预期额度的差异、利率水平、贷款期限等方面确认其是完全融资约束还是部分融资约束（甘宇，2016）。

3.2.2　农户融资约束直接识别法基本步骤

本书通过对已有文献的归纳总结，结合调研实际情况，借鉴布歇（Boucher，2008）等的直接识别方法，利用调查问卷中获得的关于受访者当前或曾经进行金融信贷的经验信息，判断和识别融资约束类型，将调研农户具体分为无融资约束、供给型融资约束和需求型融资约束三类，而不从融资约束的角度具体探讨名义融资约束和实际融资约束。具体的识别过程如图3-2所示：

第一步：通过在调查问卷中设置是否有过借贷行为进行第一步识别，区分为有借贷行为和没有借贷行为两组。

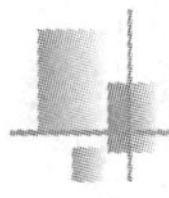

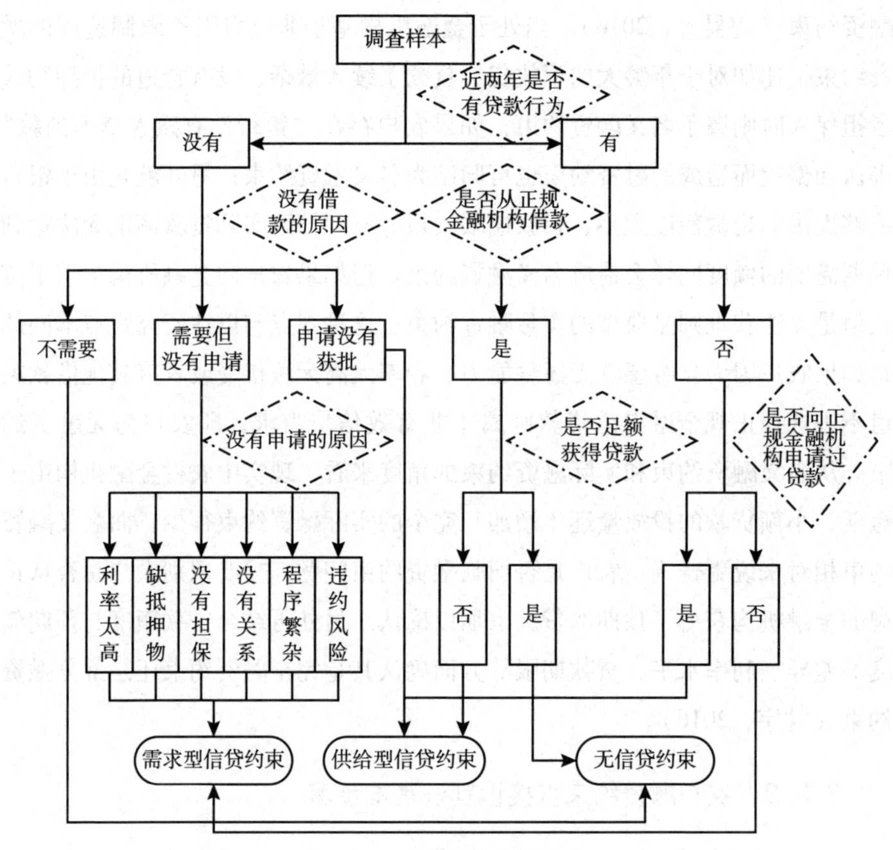

图3－2　融资约束识别流程

第二步：针对有借贷行为的样本就其是否从正规金融机构获取借款两个方面进行识别。针对没有借款行为的通过没有借款的原因不需要资金、需要但是由于自身原因没有借贷过、申请过借贷但是没有成功三个方面进行识别：若是自有资金充裕无须借贷则属于无融资约束；若是申请过没有获得贷款则属于完全供给型融资约束；若是需要资金但由于考虑利率太高、缺乏抵押担保、程序繁杂或是担心没有关系贷不下来等因素没有去申请贷款则属于需求型融资约束。

第三步：针对有借贷行为并且从正规金融机构获得了贷款的样本，就其是否足额获得预期借款金额两个方面进行识别。若是足额获得则视为无融资约束；如果没有足额获得则为部分供给型融资约束。针对有借贷行为并且从民间借贷、亲戚拆借等非正规金融机构进行融资的样本就其是否向正规金融机构申请过贷款进行识别：如果申请过没有获得转而选择非正规融资方式则视为部分供给融资约束；如果没有申请过则视为没有融资约束。

第四步：将整体样本归集为需求型融资约束、供给型融资约束和无融资约束三类。

3.2.3　融资约束的影响因素分析及测算理论分析

影响农户融资约束的因素有很多，从以往研究看主要从信贷需求约束或供给约束两方面进行分析。从需求方面来看，影响因素主要源于农户自身的特征，具体包括个人特征、家庭经营状况、财产保有状况、金融认知状况以及地理位置等。从供给方面来看，影响因素主要是源于正规金融机构根据农户资信状况及对相关特征的评价来决定对其信贷供给。所以说无论是需求型融资约束还是供给型融资约束其主要影响因素均来自需求方的特征。当然由于金融机构自身的规模和组织治理结构、经营状况以及其他外部因素引起的供给能力有限也会对供给型融资约束产生影响。本书主要基于农户的相关特征对影响融资约束的因素进行研究。以上分析首先对农户农机投资过程中所受的融资约束进行了分类定性判断，而现实中，在农机购置过程中没有进行融资的或者已经获得融资的农户就并不意味着没有受到融资约束，在此我们构建融资约束测算模型测算农户期望贷款额，再与农户的实际融资额比较，定量计算出不同收入农户的融资缺口，以此来衡量部分农户的融资约束程度。本书将借鉴已有文献（何明生等，2008；曹瓅等，2015）的研究范式，从农户融资可得性模型、是否受融资约束、融资需求额度三个方面构建模

型，用于 Heckman 三阶段模型进行估计，然后对直接识别法确定的融资约束结果进行修正。

3.3 融资约束对农户农机购置行为影响的理论分析

3.3.1 农户农机购置行为理论分析

农业现代化进程中离不开农业投资，农业投资是农业经济发展的原动力，解决“三农”问题的根本举措还在于加大对农业的投资力度。而在中国的农业经济发展模式中，农户私人投资是农业投资的主体，而农机投资是农业投资重要的组成部分。农户在生产经营过程中对于农机的需求一般通过两种渠道满足：一是购置农业机械；二是购买农机服务。本书主要探讨农户的农机购置行为。农户从有购买动机到购买行为的完成满足需求是一个很复杂的过程，受许多主、客观因素的影响。农户农机投资行为的研究大部分都集中在农机投资和购买意愿的影响因素方面，对于农户农机的投资行为或者购买意愿的衡量主要是进行定类衡量，其中大部分研究以有无、是否等二元定类模型为主（张标等，2017），或者是有序多元的定类模型（朱桂丽等，2020）。有的学者使用农机购置数据连续变量作为被解释变量进行研究（方师乐等，2020），也有学者两者皆用，既研究是否有意愿又研究具体的购置量的影响因素。具体来说影响农户农机购置行为主要有农户个体特征、家庭经营状况和社会经济政策等因素。

（1）户主个体特征。有的学者认为户主年龄是决定农户是否购置大型农机的重要因素，年龄年轻则农户农机购置需求越大（刘玉梅等，2009）；也有学者认为户主的受教育程度与农业机械购置意愿显著正相关（冯建英等，2008）；户主是否受过专业的培训也是影响农户农业农机投资行为的重要因素（张晓泉等，2012）；而个人的健康状况也被认为是影响农户购机行

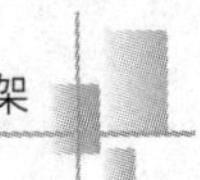

为的重要因素（曹光乔等，2010）。

（2）家庭经营特征。现有研究中提及最多的应该是家庭的收入水平对于农户农机投资行为的影响，认为收入水平是影响农户农机投资行为最重要的因素。有的学者从可支配收入水平的视角（翟印礼等，2004），有的是基于农户人均纯收入的视角（陈旭等 2017），有的学者是从家庭总收入水平探讨（刘玉梅等，2009；林万龙等）；有的学者认为家庭人口规模（吴浩等，2011）、劳动力数量（陈旭等，2017）、非农业劳动力（方师乐等，2020）也是影响农户农机投资的主要因素。另外提及比较多的一个因素就是家庭土地经营规模，研究普遍认为土地经营规模与农机购置意愿呈显著正相关（吴浩等，2011），也有学者认为土地经营规模与农户农机购置需求之间存在倒“U”型关系，即经营规模扩大初期农户农机购置意愿会增强，但当经营规模超过某一临界值，农户就会放弃自购农机而选择购买农机服务（胡凌霄，2017）。同样，经营土地的细碎化程度也影响农业机械化的使用，进而影响农户的购机决策（张晓泉等，2012）。

（3）社会经济政策。关注最多的就是农机购置补贴政策对于农户农机购置意愿的影响，研究结论基本一致认为农机购置补贴政策力度与农业机械购置意愿显著正相关（张标等，2017），但是也有学者认为对农机购置补贴政策的了解情况对农户农业机械投入意愿有负的影响（吴浩等，2011）。有国外学者从宏观视角研究发现政府的价格支持、税收、利率补贴等政策因素会影响农户农机购买时间的选择（Cole，1988）。

除上述各基本的影响因素之外，现有研究还从不同的视角对农机购置行为的影响因素进行了探讨。有的学者从农机供给的角度进行了分析，认为农机类型结构、价格水平（翟印礼等，2004）、购机成本和预期收益（童庆蒙等，2012）、农机作业服务价格（胡凌霄，2017）等因素会影响农户的农机购置决策；也有学者基于交易成本的视角研究发现乡村道路硬化程度、通信设备普及程度同样会正向影响农户对农机投资的意愿（王

蕾，2014），而现有农业机械保有量和使用年限、农作物的异质性、距离集镇远近，甚至是农户对购买农机的各种主观感知都会对农户的农机购置意愿产生影响。

3.3.2 融资约束对农户农机购置行为影响分析

农业生产本身的回报率决定了农户生产剩余相对较少而很难完成资本的原始积累，当农户的资本积累到一定程度以后，其就会转投非农产业而谋求更高的投资回报率。而农村金融市场的孱弱又决定农户的投资行为得不到有效的金融支持，因而农户的整体投资明显不足。而国内的林毅夫教授研究指出导致农户投资不足的主要因素是农场规模、承包土地使用权的稳定性和金融的不充分性。

现有文献中广泛关注农户的收入水平对农机投资行为的影响，农户的收入水平决定其自有流动资金量。而从事农业生产的农户家庭自有资金往往不足以支撑规模化经营过程中的生产性投资，在自有资金不足的情况下农户通常会考虑通过各种渠道融资。但是现行的农村金融市场依然无法满足农户生产性投资需求。农户的家庭财富水平和家庭收入水平越低，其生产性投资受到融资约束的概率越高。农机投资作为农户生产性固定透支的一项高额支出，一般的农户自有资本无法满足一时的农机购置需求，因而会影响其农机购置行为。特别是对于收入水平较低、来源单一的普通农户，一次性较高的农机购置投资成本会导致其面临资金短缺，由此便产生外部融资需求。当农村金融市场是完全市场时，农户农机投资融资需求并不依赖于自有资金禀赋，所以购置行为也不会受到资金短期的影响。但是当前农村金融市场是极不发达的非完全市场，农户普遍存在外部融资约束时，农户的农机投资行为就会受到金融市场信贷配给的影响。因此，现实中的融资约束是影响农户农机购置行为的重要因素。

3.4　农户农机融资租赁参与意愿及选择偏好理论分析

3.4.1　农户融资行为理论分析

从融资需求的角度来看，农户的融资需求主要来源于三个方面：一是在生产经营初期或者农业生产规模化经营扩张过程中的固定性投资，这些投资往往会被用于建造农业生产设施或者购置农业机械；二是在生产经营过程中用于购买种子、化肥、农药以及其他服务而发生的生产性支出，因为在正常的生产支出和取得农产品销售收入之间有一个时滞，如果不能通过赊购的方式获得这些生产资料，那么也需要通过一定的方式进行融资，比如提前从农产品收购商那里预支部分资金进行融资，等交易农产品时扣除部分货款；三是消费需求的融资，这主要是因为一些突发情况导致消费增加而产生的资金需求。而本书研究的主体则源于第一种农户的农机投资需求。目前研究表明农户融资需求主要通过非正规渠道满足，农户融资的主要用途是生活性支出，农户借贷期限以短期为主，其中非正规借贷以无息形式为主。其中农户融资需求主要通过非正规渠道来满足，与实际调研结果并不一致，这可能是由于研究的时间差异，因为近几年国家提倡的普惠金融的发展基本可以满足农户的小额信贷需求，当然在不同的经济发展水平地区和不同收入水平的农户之间存在差异性。但有学者研究认为决定农户生产性信贷需求不足的主要原因是农户收入较低和投资机会较少（钟春平等，2010）。从农户的融资渠道来看，现有的研究有不同的分类。按照优序融资理论可以将其分为内源性融资和外源性融资，内源性融资是指农户自身的融资需求主要通过自身的积累来满足，而外源性融资是指农户通过亲戚朋友的资金拆借、民间借贷或者正规的金融机构来获取资金来满足自身的融资需求。早在1998年费孝通先生就在《乡土中国》中指出中国的农户融资正在从自身积累的内源融资方

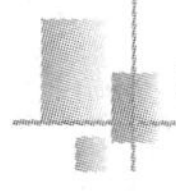

式逐渐向外源融资转变。而外源融资按照资金来源进一步细分，农户融资需求可以分为正规融资和非正规融资，所谓的正规融资是指农户的融资需求资金是由银行这样的正规金融机构提供的，而非正规融资是指通过民间借贷、提前预收农产品销售收入等方式获得的资金。现有研究表明大部分学者都认为非正规融资依然是中国农户融资的主要渠道，但事实上是农户的一种无奈选择，究其原因主要是因为正规金融机构对农户存在较大的供给融资约束，无法有效满足农户的金融需求。而农户融资渠道的优序排列应该是先通过自身的非农收入满足资金需求，然后考虑亲戚朋友拆借，再通过正规金融机构借贷，最后不得已考虑民间借贷（张杰，2005）。融资租赁作为一种新型的融资方式，必然会成为农户农机融资的重要渠道。

从对农户融资行为的描述上来看，主要是研究农户是否有融资需求、融资的频率和额度大小、融资渠道选择以及融资主要用途几个方面来进行描述分析，同时对融资利率水平、借款期限、是否需要抵押担保作为附加行为去描述分析。同一研究主题在不同的时点以及不同的研究对象其研究结论存在一定差异，如对于融资渠道和资金用途的研究与本书实际的调研情况存在很大差异。当然也有学者从不同视角对农户融资行为的差异性进行了分析。

3.4.2 农户农机融资租赁参与意愿及选择偏好的理论分析

融资租赁作为市场经济发展过程中产生的一种创新金融工具，在国外已经成为仅次于银行信贷的第二大融资方式。但在我国融资租赁起步较晚，20世纪80年代初引进我国以来，融资租赁行业在我国有了长足发展，但是与发达国家相比，仍然有较大差距，无论从宏观层面还是微观层面对于融资租赁的认知都明显不足，而在理论上的研究更明显不足。现有关于融资租赁影响因素的研究大多是以上市公司为例，从承租人的角度探讨企业的税率、财务状况等因素对企业融资租赁意愿（毛璐，2019）、倾向（赵珑璐，2014）、规模（曹建新、陈佳，2012）、决策（刘子阳，2020）等方面的影响。也有

学者认为融资租赁的发展主要是受社会融资需求的驱动，而不是为了满足设备投资需求（周凯等，2016）。大部分研究都是从纳税差异论、债务替代论、委托代理破产成本论的融资租赁三大基本理论出发对融资租赁的影响因素进行探讨。

基于融资租赁的债务替代理论，本书认为农机融资租赁既是农户的融资意愿选择行为又是农机投资行为，所以依据农户融资理论和投资行为理论，结合文章研究主题及调研数据构建，研究农户融资租赁意愿影响因素分析的理论框架，确定具体的影响因素，为下一步的实证分析提供理论依据。对于农机融资租赁而言，除了个别大型的农机服务公司一般农业经营主体基本无须考虑税收差别理论假说，而代理成本理论和破产成本理论假说在农机融资租赁市场也基本不存在。基于承租者——农户的视角，农机融资租赁从标的物——农业机械获得来看，是农户的生产性支出的固定资产投资行为，而从交易过程来看，是农户为了获得农机购置的资金选择的一次融资行为。所以农机融资租赁市场的发展最有效的解释是债务替代理论，即农机融资租赁是农户农机投资过程中的一种融资替代形式。对于农户来说参与农机融资租赁本身既是一种融资渠道的选择行为又是一次农机投资行为。现有关于农机融资租赁的文献基本停留在宏观层面探讨行业的发展现状：一些学者研究认为中国的农机租赁行业刚刚起步，具有很大的市场潜力，农机融资租赁市场的发展将能有效促进农业机械化发展水平。也有学者研究发现农机融资租赁在发展过程中存在很多困难和阻力，也存在一些问题。进而有学者提出了促进农机融资租赁行业健康发展的一些对策建议。

但是一种新型的金融业务的推广除了关注潜在需求以外更需要了解需求者的现实偏好。融资租赁虽然是一种有效的融资融物的金融工具，在其他行业应用非常广泛，行业渗透率非常高。但是由于农村金融市场的弱质性以及农户的抗风险能力较差，不单融资租赁公司在农机融资租赁业务的开展谨小慎微，农户同样会基于自身条件以及客观环境作出有限理性的选择。因而影响农户农机融资租赁参与意愿的除了已有研究中提及的因素以外，农机融资租赁本身属性的优劣势也是一个重要的因素。农户会基于自身效用最大化的原则进行考量，而融资租赁公司又要追求目标利润，所以农机融资租赁市场最终要在多方参与主体共同博弈的基础上实现选择均衡。

3.5 本章小结

本书基于已有的相关理论和文献研究成果，构建本书研究的理论基础和逻辑框架。即对于农业机械化发展以及农户的农机购置行为来讲，金融支持显然是促进农业机械化整体投资的重要因素。但面对农村金融市场弱质性特征以及融资约束普遍存在的这一现实背景，农户的农机购置行为受到农村金融供给与自身个体特征、家庭资源禀赋的双重影响。为此，本章首先，从文章的出发点，从理论上分析融资租赁缓解农户农机购置中的融资约束的理论框架，从内在动因、参与主体行动逻辑和效应分析三个方面进行分析；其次，参考已有的理论文献构建了农户融资约束识别的理论分析框架，应用直接识别法对农户农机购置过程中面临的融资约束进行识别的理论框架，并提出应用实证方法对直接识别法的识别结果进行进一步修正；再次，本书重点关注的是融资约束是否影响农户的农机购置意愿和购置规模，按照经济学理论的有效需求理论，农业机械的有效购置需求需满足购买欲望和购买能力，而融资约束将从购买能力的角度影响农户的农机购置行为，除此以外还有影响农户农机购置行为的其他因素；最后，基于农村金融市场的供求理论对农户参与农机融资租赁的意愿以及影响因素进行分析，并根据现实中农户进行农机融资所关注的因素来设计农机融资租赁的合约以此作为研究农户农机融资租赁的选择偏好。就如何利用这些基本理论来对有农户的农机购置行为以及农机融资租赁的选择行为进行比较合理的分析和解释，探讨导致农户决策行为表象背后的深层次原因，为运用实地调研数据进行实证检验提供理论基

础和依据。因此，在本章理论分析的基础上，第 6 章、第 7 章两章将分别运用农村金融市场供求理论和农户行为理论来分析识别农户农机购置融资约束以及研究融资约束对农户农机购置行为的影响。第 8 章将应用农户行为理论及融资租赁理论来分析农机购置意愿，进行农机融资租赁参与意愿及选择偏好的研究。

农业机械化及农机融资租赁行业发展现状分析

农业现代化是我国现代化建设过程中的必然要求，而农业机械化是农业现代化过程中不可或缺的一环。2020 年中央经济工作会议指出农业供给侧改革成为未来工作重点，农业机械化在推进农业现代化上作用突出，对于粮食增产、农民增收、农业增效有着巨大贡献。2021 年中央一号文件提出全面推进乡村振兴，要加快农业现代化，我国“十四五”规划建议中将优先发展农业农村、乡村振兴作为未来“三农”工作的重点。农业现代化发展与乡村振兴都离不开农业机械化的发展，而农业机械化的发展离不开各级各类金融服务的支持。所以，在研究农户农机购置以及农机融资租赁参与等微观行为前，要先从宏观上了解农业机械相关行业发展状况整体作出合理研判。

4.1 农业机械化发展现状分析

根据工业和信息化部、农业农村部、发展改革委三部委联合发布的《农机装备发展行动方案（2016～2025）》，至 2025 年我国农作物耕种收综合机械化率要提升到 75%。截至 2020 年，农作物耕种收综合机械化率已经

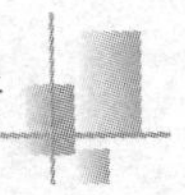

达到70%，全国农用机械总动力也在不断增长。但由于我国地理条件相对复杂，加之农机社会化服务和配套设施建设滞后，农业机械化区域不平衡显著，发展水平参差不齐，农机行业的发展还存在很多瓶颈，整体来看，农业机械化还有很大的发展空间。

4.1.1　农业机械化整体水平稳步提升

我国是一个农业大国，农业是立国之本，一直以来都受到国家和政府的高度重视。但是我国不是一个农业强国，在农业现代化建设方面远远滞后于其他发达国家，而大力推进农业机械化、智能化是农业现代化的必然道路。改革开放以来，家庭联产承包责任制的实行改变了我国原有的集体经济下农业机械化发展格局，探索出了具有中国特色的农业机械化发展道路和模式，农业机械化发展取得了很大进步。全国农业机械总动力数由1978年的11749.9万千瓦增加到2019年的102707.68万千瓦，增加了近8倍。全国农用大中型拖拉机保有数量从1978年的557358台增加到2019年的4438619台，其他的农业机械保有数量也大幅度增加，农业机械作业的覆盖面越来越广。特别是近几年在农业劳动力大量转移背景下，到2019年的全国农作物耕种收综合机械化率已经达到70%，其中小麦、水稻、玉米三大主粮作物耕种收综合机械化率均已超过80%。在全国耕地面积基本稳定的情况下，农业机械化作业机播面积上升的趋势较明显，从2010年的69160.92千公顷增长至2019年的94440.58千公顷，平均每年增幅达8.10%。这就使得机播面积占总播种面积的比例也呈现出明显的逐年上涨的趋势，截至2019年机播面积占总播种面积的比已经达到56.93%，相对于2010年占比增加了13.31%。

但与此同时，我国农作物总播种面积仍然有三成多未实现机械化作业，农业机械化发展呈现出很大的不平衡性：从地域分布来看，由于地理特征限制导致西北和东北地区机械化程度高，而西南地区机械化水平相对较低；从

农业机械品种来看，由于使用规模的不同导致主粮作物机械化水平高而经济作物机械化水平较低；从机械作业环节上来看，耕中、耕收环节机械化水平高，耕前、耕后环节机械化水平低。这说明我国农业机械化水平距离农业全程全面机械化还有较大的差距，农作物播种机械化水平依然有很大的上升空间，农业机械化水平还有待于进一步提高，农业机械行业依然有巨大的发展潜力。

就我国农业机械化快速发展阶段而言，在耕地面积逐年增多的情况下，农业机械化作业情况得到显著提升，但如图 4 – 1 所示，截至 2018 年我国农业全程机械化发展依然不平衡，突出表现为农业机械化作业机播和机收水平有待增强。2010 ~ 2018 年数据来看，我国机耕面积、机播面积与机收面积一直都呈现出逐年上升的趋势，其中农业机械化作业机收面积增幅最快，从 2010 年的 59846. 69 平方千米增加至 2018 年的 100260. 53 平方千米，平均每年增幅 13. 77%，并从 2015 年开始超过机播面积；我国农业机械化进程中机耕作业发展较早，所以机耕面积一直处于高位，并且每年增幅呈现逐年下降趋势，平均每年增幅 5. 28%；机播面积平均每年增幅 8. 10%，截至 2018 年仍低于机收面积和机耕面积。虽然机播面积和机收面积增幅均大于机耕面

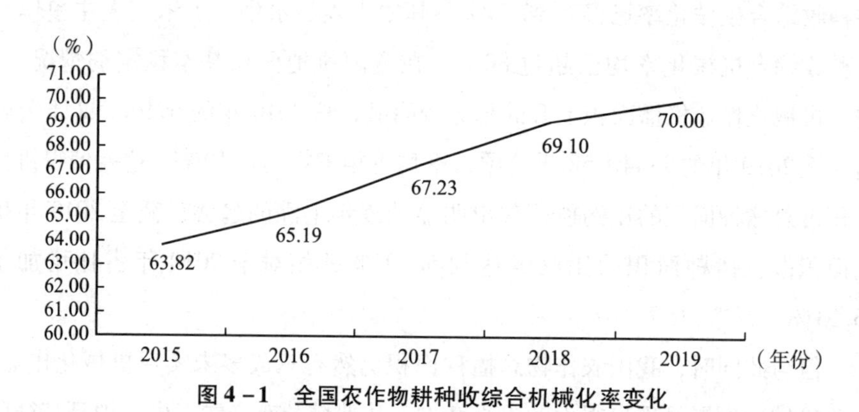

图 4 – 1　全国农作物耕种收综合机械化率变化

资料来源：农业农村发展规划司。

积，但是机播面积和机收面积相较于机耕面积之间依然有不小的差距，说明我国农业全程机械化水平发展不平衡，播种机械化和收割机械化水平还有待提高，且依然有提升的空间；增长趋势较为显著，集耕种收于一体的农业机械化范围不断扩大（见图 4－2）。

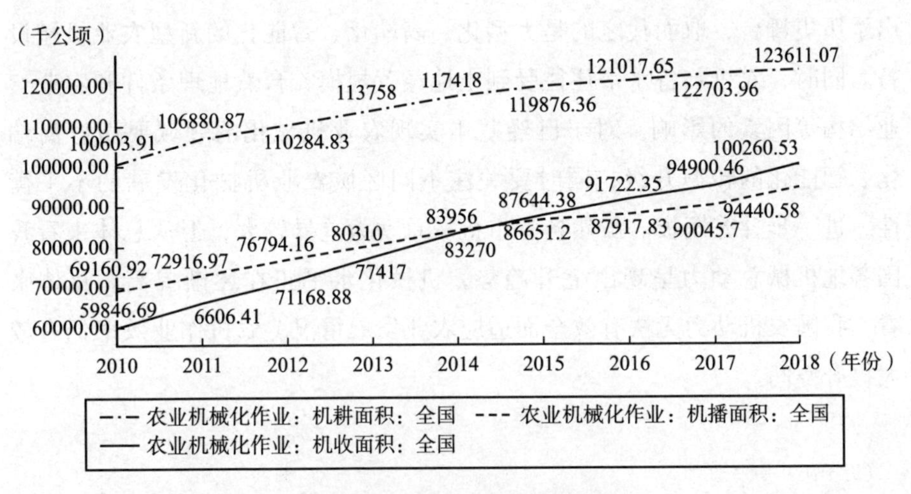

图 4－2　全国农业机械化作业情况

资料来源：《中国农业机械工业年鉴》（2011～2019 年）。

4.1.2　农业机械保有量下降，农机投资后劲不足

尽管我国的农业机械化发展水平取得了长足进步，就我国农业机械化快速发展阶段而言，在耕地面积逐年增多的情况下，农业机械化作业情况得到显著提升，集耕种收于一体的农业机械化范围不断扩大。但是近年来农业机械化水平的发展处于明显的瓶颈期，农机总动力数和农业机械投资水平从 2015 年开始双双出现下降。如图 4－3 所示，主要农业机械的农业机械总动力在 2015 年达到峰值 111662 千瓦时。但 2016 年呈显著下降趋势，至今未恢复到 2015 年总动力水平。这说明我国的农业机械化发展开始从数量、规

模发展进入更加注重质量和效益的结构性调整阶段，以往过分追求农业机械化的发展速度导致农业机械的供给中难以有效适应农业生产经营的有效需求，传统的大规模使用的中低端农业机械产能和保有量过剩，但是适应农业结构调整的和高性能的高端农机装配有效供给不足。农业机械不能充分契合不同农业生产类型的各个环节。一些传统的小型的农业机械逐渐退出了历史舞台，取而代之的是大型化、高端化、智能化的新型农业机械设备。同时，农机装备水平往往受到土地经营规模、自然地理条件和农业产业结构等因素的影响。对于已经基本实现农业机械化的领域要做好高端化、智能化的转型升级，同时要关注不同区域农业机械化发展的不平衡性，进一步补齐短板。虽然各省市机械总动力差异较大，但从总体来看我国各地机械总动力呈现出上升趋势，机械化水平正在逐渐提高。总体来看，我国农机动力无法有效全面适应农业发展情况，农机作业效率仍有较大提升空间。

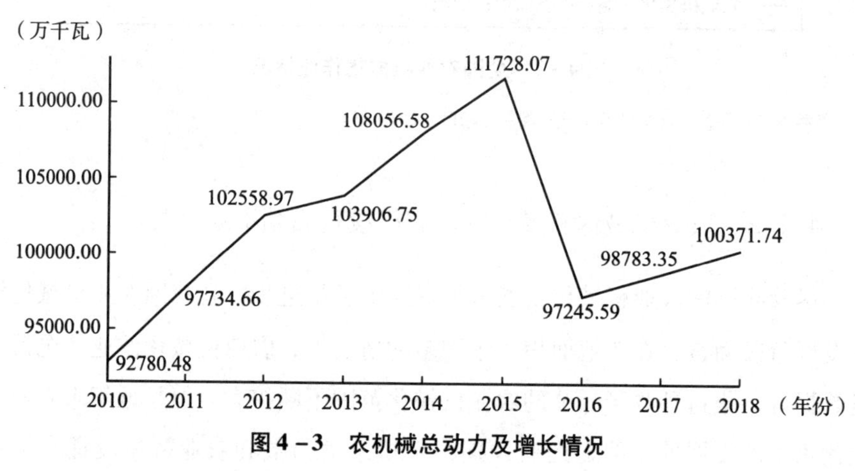

图 4－3　农机械总动力及增长情况

资料来源：《中国农业机械工业年鉴》（2011～2019 年）。

农业机械投入是衡量一个国家或者地区农业机械化发展水平的重要标志，也是推动农业现代化发展的重要基础。农业机械的广泛应用是降低农业生产成本、提高农业生产效率的重要手段。匡兵、胡碧霞等（2020）应用 2016 年以前的数据研究发现无论从全国来看还是从区域层面来看，农机投入强度整体上呈增长态势，但是区域之间存在很大的差异性，其中西部地区机械化投入强度净增长量最大；东部地区机械化投入强度绝对增长量最低，但是投入强度最大；东北农业机械化投入强度最低。但是应用泰尔指数测算的农机投入指标显示除了西部地区以外，其他的地区的农机投入强度都呈收敛态势，即农机投资强度越来越弱。但是从极化指数来看，除了西部地区，全国大部分地区农业机械化投入强度呈现趋同均衡事态，也可以在一定程度上说明全国农业机械化水平虽然存在差异，但基本处于协同发展阶段。但是通过宏观的农机投入数据变化趋势发现：全国农业机械化投入在 2013 年达到极大值，其后就开始逐年降低。这说明我国农业机械化投入遇到了天花板效应，机械化水平发展到一定程度，部分地区和生产领域的机械化程度已经饱和，过高的农业机械保有量影响了农机投资增量。而一些不适合的现有农业机械地区和生产领域还没有得到很好的开发。为了推动农业机械化不断发展，国家通过资金补贴农机购置，催生了一波农户农机购置的热潮，有力地促进了我国农业机械化发展。但是随着农村社会经济的发展，农户获取信息的渠道越来越畅通，在农机投资过程中盲目跟风的行为越来越少，购置行为逐渐趋于理性，特别是对于一些年轻的新生代农民，给农业机械产品提出了更高的要求。农户的农机投资行为围绕着“刚性需求”等展开。农业机械化发展潜力依然巨大，但是整体上面临着发展重点的结构性调整，高技术含量的农业机械装备需求日益旺盛。农业机械化投入变化情况如图 4－4 所示。

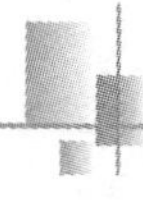

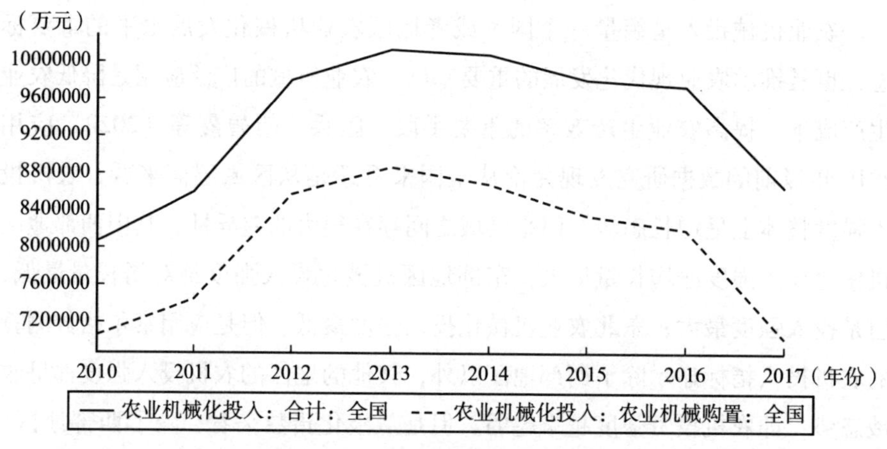

图4-4　农业机械化投入变化情况

资料来源：《中国农业机械工业年鉴》（2011~2018年）。

4.1.3　农机行业交易遇冷，在竞争中进行结构性调整

2004年国家实施农机购置补贴政策以来，我国的农机行业迎来发展的“黄金十年”，行业规模2012年就成长为世界第一，因为行业的高利润水平吸引了大量的企业进军农机生产制造行业，国内农业行业经历了野蛮生长。伴随着2015年开始的农业供给侧改革的深入开展，农业机械供给侧结构也开始了从规模扩张向质量优先的结构化转变。经过多年的快速发展，农业机械行业资产规模持续扩大，在2017年行业资产规模达到了顶峰29706482亿元。而从2017年之后，行业总资产规模开始逐渐降低，同比增速下降1.81个百分点，资产总额增幅下降。

国内的农机行业也面临着重新洗牌调整，包括农业机械租赁、农业机械批发、农业机械服务等行业固定资产投资完成额呈波动趋势，增速呈下降趋势。利润水平也逐步下滑，在2018年跌到了最低谷。如图4-5所示，从行业整体的交易额来看，2017年农机市场交易额达到顶峰288.7亿元，平均每年增幅为9.99%，2017~2019年呈现下降趋势，尤其是2019年跌幅达

2018年的32%，同时也可以看到在这一时期交易市场摊位数下降幅度很大，跌幅达37%。我国农业机械行业整体呈现出“三多三少”的落后局面，即小型机械多、大型机械少；动力机械多、配套农机具少；普通机械多、高端机械少。从总体上看，目前我国农业机械化发展水平正在从初级阶段向中级阶段迈进。现阶段，农村土地流转加快，规模化经营程度的进一步提升以及农村劳动力的进一步转移增加了农业机械化需求。但是农机行业以用户需求满足、产品品质升级、核心竞争力增强、短板补齐等为主要内容的产业调整升级持续推进，企业品牌竞争向着品质过硬、性能卓越等现代化特征聚焦。

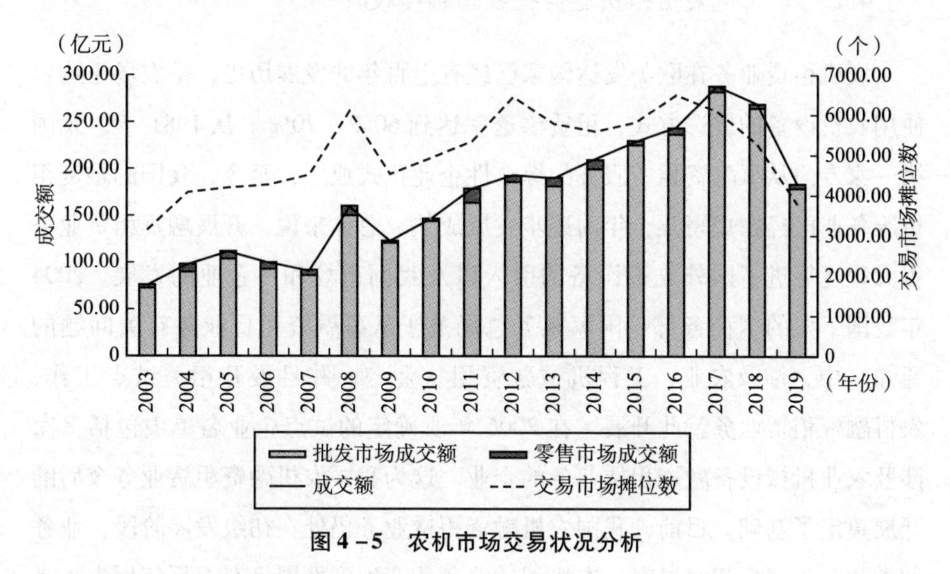

图4-5　农机市场交易状况分析

资料来源：《中国农业机械工业年鉴》（2011~2018年）。

4.2　农机融资租赁行业发展现状分析

农业机械是农业生产活动中最为重要的生产工具之一，是提高农业生产力水平的关键，也是衡量农业现代化水平的重要标志。虽然农机化程度高，装备总量大，但农机的有效产能不足、技术相对落后的问题仍比较突出。虽

然我国农业机械化发展速度迅猛，但与美国、英国、日本等世界先进国家差距巨大，农业机械市场还有极大的提升空间。近年来，国内农业生产主体的平均生产规模不断扩大，农户对大马力、高效率、智能化和综合化的农业机械的需求日益增长。但是现实中由于农户自身筹资能力不足和农村金融服务体系的薄弱导致农机购置的资金需求得不到满足，而农机融资租赁相比其他的金融手段，融资租赁服务灵活的运行机制，可以解决用户的燃眉之急，非常适合农机购置。

4.2.1 农机融资租赁业务在我国起步较晚

农机租赁业务在欧美发达国家已经有上百年的发展历史，是农场主购置使用农机设备的首选方式，租赁渗透率达到60%～70%。从1981年，我国第一家专门从事融资租赁服务的综合性企业正式成立，至今，我国的融资租赁服务业已经在短短几十年内逐步发展成熟。总体来说，开展融资租赁业务很大程度促进了国外先进设备的引入以及我国市场和各企业的发展。2004年我国下发的《商务部、国家税务总局关于从事融资租赁业务有关问题的通知》中，涉及农业、工程机械融资租赁业务，并且展开相关试点工作，农机融资租赁业务就此开展。在2006年所确定的试点企业名单中包括多家涉及农业机械设备融资租赁业务的企业。这为我国农机融资租赁业务今后的开展奠定了基础。目前，我国农机融资租赁业务仍处在初级发展阶段，业务种类和业务规模相对局限。农机租赁业务从产生到发展已有上百年历史，是农户购置使用农业机械的首选方式。针对农机融资租赁业务，美国为了帮助农户正确认识农机融资租赁、提供相关资料信息，在各个地区建立了大批专业中介组织，且均为非营利机构。有了机构的帮助，农户可以轻松实现与农机融资租赁市场的联系，使得农机融资租赁业务得到更多人的认可和接受。此外，日本政府也通过颁布了《农业现代化资金补助法》等一系列相关法律，对特定设备的承租人发放补助金等以降低农户成本，促进农机融资租赁

行业的快速发展，但是我国目前还没有专门针对农机融资租赁业务的财政支持计划。

4.2.2　农机融资租赁市场发展潜力巨大

我国农机融资租赁起步较晚，尚处于政府推动、试点运行的阶段，业务量较小，若按照国外农业机械行业60%的租赁渗透率分析，国内市场容量就可超过3000亿元。近年来，随着农村土地流转加快、规模化经营程度的进一步提升以及农村劳动力加快转移，我国农业发展已进入从传统农户分散经营向集约化、专业化、组织化、社会化相结合的新型经营体系转变的新阶段。经营规模的扩大，让农业生产经营者对大型农机具，高性能、复合型机械的需求越来越旺盛。2010年，约翰迪尔作为农机融资租赁市场的先锋，进入我国市场开展农机租赁业务，其后，越来越多的中国企业和银行开始对农机设备融资市场感兴趣，但主要还是运用银行信贷等传统的运营方式。

从农机租赁市场渗透率来看，目前美国、日本、欧洲等国家农机领域的融资租赁渗透率已达到15%～30%。虽然我国融资租赁虽已走过40多年的发展历程，但我国农机领域融资租赁渗透率不到3%。按照农村农业部“力争到2025年全国农作物耕种收综合机械化率达到75%”的目标，农机租赁市场前景十分广阔。2016年中国农业机械融资租赁合同余额276.9亿元，同比增长8.3%；2017年中国农业机械融资租赁合同余额305.1亿元，同比增长10.2%；2018年中国农业机械融资租赁合同余额326.8亿元，同比增长7.1%；2019年中国农业机械融资租赁合同余额337.3亿元，同比增长3.2%；2020年上半年中国农业机械融资租赁合同余额346.4亿元，同比增长2.7%（见表4－1）。

表4－1　　　　近年我国农机融资租赁的合同余额

年份	合同余额（亿元）	同比增长（%）
2016	276.9	8.3
2017	305.1	10.2
2018	326.8	7.1
2019	337.3	3.2
2020（上半年）	346.4	2.7

资料来源：中国租赁联盟。

未来，随着农业现代化以及农业供给侧结构性改革的积极推进，农业生产提质增效的需求将促使农业机械化水平不断提升，农业机械对我国农业现代化的支撑能力将进一步提高，农业机械领域的融资需求也将进一步提升。目前，国内无论是农机设备普及率还是设备销售融资租赁业务覆盖率，均远远低于西方发达国家，因此这一市场增长空间巨大。按照以往数据分析，未来几年，农机设备销售领域的融资租赁业务合同金额增长率依然会维持较高水平，保守估计国内农机设备融资租赁业务规模可以突破2500亿元。近年来，农机租赁行业的主要参与者包括两种类型的公司：一是外资融资租赁公司，如约翰迪尔融资租赁有限公司、拉赫兰顿融资租赁（中国）有限公司、法兴（上海）融资租赁有限公司、三井住友融资租赁（中国）有限公司；二是中国本土融资租赁公司，如哈银金融租赁有限责任公司、农银金融租赁有限公司、江苏金融租赁股份有限公司、洛银金融租赁股份有限公司等。另外还有厂商系的融资租赁公司，其目的是配合生产商的销售而成立的融资租赁公司，不以营利为目的，为客户或经销商提供低利率的政策来促销自己的产品。

4.2.3　农业机械融资租赁发展存在的问题

尽管农机融资租赁未来发展面临着一片蓝海，但是由于我国农业经济发

展的弱质性，农村金融市场发展的滞后性，农机融资租赁发展过程中也面临着诸如认知不足、信息不对称、交易成本过高、支持政策落实不到位、其他辅助市场的缺失等方面的问题。

4.2.3.1 融资租赁的认知不足普遍存在

由于金融知识的缺乏，大部分农户都不了解一些新型金融创新模式，广大农机租赁从业者对于新型金融模式知识了解有限，宣传不到位是一个重要的原因。而农机融资租赁的目标客户是农业生产经营主体，包括普通农户，但是受制于广大农民的文化水平不高，市场经济意识不足，特别是农民意识中对生产工具强烈的占有欲望使租赁模式不太容易推广。农机融资租赁作为新兴的普惠金融模式很难在短时期内为广大农民所理解和认知，但是这一群体的认知水平又直接关系到融资租赁商业模式的普及和推广。但是由于农村居住分散、聚集性差，融资租赁公司的业务人员开展业务营销宣传成本高、困难大，所以宣传不到位导致需求端认知不足。另外，从供给方的角度而言，由于融资租赁行业特殊性，又涉及多门类的交叉业务，对于行业工作人员的业务认知水平也比较高，但是一般高水平的行业精英又不愿意下沉到农村金融市场从事农机融资租赁业务。

4.2.3.2 农机融资租赁供给参与主体少

虽然融资租赁业务在我国起步较晚，但目前全国的融资租赁公司数量已达上万家。而是大部分融资租赁公司都倾向于从事航空、航运、汽车等行业的融资租赁业务，大部分对于交易成本较高、业务难以开展的农机具融资租赁业务不愿意涉足，目前开展农机融资租赁业务主要是一些资本雄厚、抗风险能力强的大型金融租赁企业，例如工银金融租赁有限公司、农银金融租赁有限公司，或者是有厂商背景的融资租赁公司，如约翰迪尔融资租赁公司、中国一拖集团财务有限责任公司等。其他开展农机具融资租赁业务的公司数量屈指可数。近几年，农业机械化水平大幅度提高，随着农业机械的大型化、高端化、智能化，农机购置的融资需求理应日趋旺盛，农机融资租赁业务规模也会逐年增大，目前农机融资租赁市场的供给主体还相对不足。另外，由于从事融资租赁业务需要经过有关部门的审核批准，比如金融租赁公司一般需要央行的批准，并受到证监会的监管，一些有参与农机融资租赁市场的经营主体可能由于过高的市场准入门槛而被拒于行业之外。

4.2.3.3 农机融资租赁业务规模小、种类有限

但我国农机具融资租赁业务规模不及整体租赁业务规模的十分之一，表明当前我国农机具融资租赁处于初级发展阶段，融资租赁渗透率不高，业务规模相对较小。目前农机具融资租赁业务集中于耕耘和整地机械、种植和施肥机械、收获机械、收获后处理机械、动力机械这五大类，其他农业机械几乎没有开展融资租赁业务。另外，即便是这五大类农业机械的租赁，也大部分集中于粮食作物，经济作物这一块涉及很少。目前，国内开展农机融资租赁的企业开展的主要业务内容仅限于以固定的“出租方＋承租方＋供货方”模式为农机购置者购买特定的农机设备提供融资支持，其他业务模式没有大规模开展。业务类型相对来说比较单一，不利于租赁企业发挥总体竞争优势，为客户提供全方位的服务。出租人没有充分挖掘融资租赁的内在功能，针对不同的地区、不同的作物机械甚至是不同的农户开发一些潜在的业务模式和类型。既要坚持专业化，又要实现在农机领域融资租赁业务的多元化，不能实现资源整合利用。

4.2.3.4 信息不对称与交易成本过高

农机融资租赁业务虽然可以通过租赁机械设备的管控来降低违约风险，出租方可以减少一些信用调查环节，但是因为业务周期通常来说都比较长，出租人必须对租赁农机设备进行合理的监督，因为出租人获得的租金主要是

基于承租人通过对农业机械的充分利用获得的利润。因此，对于融资租赁公司而言，在合同期内是否容易获得租赁机械设备以及承租方的相关信息，在客户违约的情况下是否能够以较低的成本将其收回十分重要。另外，承租人获得的农业机械来自供货商，承租人对租赁的农业机械设备有全面的了解。一般情况下农业机械工作相对分散并且通常位于偏远的农村地区，因此出租人在获取承租人的信息以及合理地监视农机设备使用都需要付出比较高昂的交易成本。但是在农机融资租赁业务中，这种信息不对称的问题普遍存在，不利于出租人风险管控。由于大多数农业生产者的资金相对薄弱，风险承受能力较弱，因此通常会在短期经营不善时选择中止合同，将损失转嫁给他人。此时，由于租赁财产分散且工作地址偏远，出租人追偿违约的交易成本也相对较高。这些情况的存在都会影响融资租赁公司参与积极性，减少信息不对称，降低交易费用尤为重要。

4.2.3.5　融资租赁公司也存在融资难

融资租赁公司虽然不同于传统的金融机构，但其属于典型的资本密集型行业，用于农业和畜牧业的大中型成套农业机械设备融资租赁的资金占用额很大。所以出租方本身获得长期稳定的并且融资成本比较小的经营资金是其持续经营的基础。要开展农机融资租赁业务，则租赁公司必须具有较强的自有资金实力和筹集资金的能力。目前，除了一些实力雄厚的大公司支撑的融资租赁企业，大部分融资租赁公司自有资金都不足以支撑大规模业务，在融资方式上同样也遇到了融资约束。如果不能很好的解决自身融资问题，融资租赁公司将很难大规模开展农机融资租赁业务。另外，农机融资租赁业务的高业务运行维护成本大大抵消了农机融资租赁业务的优势。但是在现实中又存在如下悖论：缺乏资金的融资租赁公司难以根据其业务范围进一步扩展农机租赁业务。但是如果融资成本过高，则融资租赁业务与其他农机购置融资方式相比又失去了核心竞争力。过高的费率水平将会影响承租人对农机融资

租赁业务的选择偏好，不利于融资租赁市场的有序发展。不过任何事物的发展都需要一个过程，相信随着农机租赁市场的不断开拓发展，国家政策将会对农机市场的租赁业务提供强有力的支持，让农机租赁业务可以迈开脚步，大步向前，帮助购机者解决切身的需求。

4.3 本章小结

本章一方面对农业机械化发展水平进行了多个角度的分析，对比分析出农业机械化的发展趋势，我国目前农业机械化水平在逐年提升，农业机械化的推广应用还处在协同发展的阶段。通过对不同年份农机的投入量对比可以看出当前我国农机投入的增长率呈下降趋势，也体现出随着农业机械化水平的逐渐提升，对农机的购买更加理性，农业机械的需求向高质量高性能的趋势发展，与此同时政府也在不断加大资金投入农机购置补贴，促进农业机械化的发展。另一方面，本章对农业机械行业的行业发展趋势进行分析总结，从农机行业近年来的发展数据中总结出农机行业总资产规模下降、农机交易量下降的趋势，而农业机械行业也将在发展中逐步规范，在不同规模企业的竞争中优化产品、提升农机质量。在此基础上，对农机融资租赁的行业发展现状及未来发展过程中可能面对的问题与前景进行分析。目前我国融资租赁行业存在发展增速放缓、租赁业务新增投放量减少、租赁资产规模增长缓慢、资金融通的成本上升、利益空间增速缓慢的现状。此外，在当前发展过程中浮现出存在农机租赁主体较少、规模较小、应用领域较为局限、农业信用体系建设不完善、农业相关优惠补贴规定不够细化、难执行等诸多问题。但与此同时，政府连年出台利好政策加大资金补贴，租赁企业融通资金来源渠道增多，目前我国农业机械化仍处于初期阶段，农机性能质量仍需进一步提升，农机的应用也将更加普及和广泛，农机融资租赁仍有很大的提升空间和市场潜力。由于农村较为分散且发展不均衡的特点，以及农村信用缺失、

信息不对称与追索成本高、二手市场与其他辅助市场发展的滞后等问题的存在，在今后的农机融资租赁的发展中也将带来相应的阻碍。在当前我国农业规模化、集约化发展的趋势下，有着国家政策的大力扶持，我国农机融资租赁行业也将逐步发展完善，解决发展过程中浮现出的诸多问题与挑战，提升我国农业机械化水平。

调研样本特征及农户农机购置金融服务供求分析

农业现代化进程的加快以及农业生产方式的转变都要求农业机械化大力发展，农业机械化的普及又离不开金融支持，而开展农机融资租赁是金融支农的重要渠道。为进一步从微观层面了解和分析农机购置融资的供需状况以及农户对农机融资租赁的认知水平和选择意愿及偏好，特对该研究主题进行了调查研究，以期第一从微观视角研判研究主题，第二为实证检验提供微观数据。具体的调查情况如下。

5.1 调研情况简介

根据研究的需要，本书在2015年与宜信租赁合作开展的《内蒙古农业现代与农村金融》项目调查研究的基础上于2019年进行了跟踪调查。本次调研根据农机融资租赁市场的特点，设计了农户调查问卷和农机经销商、农机厂商、地方政府农机管理部门访谈提纲。调研地区及样本旗县的选取是结合研究主题广泛征求了融资租赁企业和农机主管部门相关专家学者等各方面意见和建议，最后确定内蒙古自治区的呼和浩特市、赤峰市、通辽市、巴彦淖尔市、呼伦贝尔市五个盟市作为调研区域，从这五个盟市中随机选择了

12 个旗县区 40 个乡镇的 70 多个村。调研样本地区构成见表 5 – 1。

表 5 – 1　　　　　　　　调研样本地区构成

盟市	旗县区	乡镇数量（个）	村庄数量（个）	户数（户）
巴彦淖尔市	五原县 乌拉特前旗	7	10	117
赤峰市	翁牛特旗 阿鲁科尔沁旗	11	27	131
呼和浩特市	武川县 土默特左旗 托克托县	6	12	122
呼伦贝尔市	牙克石 扎兰屯 陈巴尔虎旗	10	11	93
通辽市	科尔沁区 开鲁县	6	12	129
合计	12	40	72	592

资料来源：根据调查问卷整理获得。

其间共入户调查农牧户 600 多户、农机经销商 112 家，走访了 15 个农机主管部门以及融资租赁公司和农机厂商 8 家。调查的主要方式为问卷填写，同时选择部分典型农牧户、农机经销商、农机厂商、地方政府农机管理部门进行访谈，广泛征求了他们对农机融资租赁市场发展的看法，分析和总结了农机融资租赁市场特点及其供求影响因素。走访各类农户及各类经营主体共收回有效问卷 592 份，有效问卷回收率为 95% 以上。由于研究主题的需要，调查样本的选择是随机选样与非随机选样相结合进行，所以部分均值类指标只针对样本而并不代表地区平均水平。

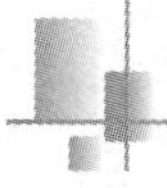

本次调研的受访对象的选择以随机选样与非随机选样相结合方式进行，其中普通个体农户选样以随机选样为主，同时也通过非随机选样走访调查了农民专业合作社、家庭农场等一些特殊样本主体。样本中普通农户和种粮大户合计的个体农户比例占90%，其中普通农户329户，占55.57%；种粮大户203户，占34.29%。另外有农民专业合作社21家，占3.55%；家庭农场17户，占2.87%；其他类主体22户，占3.72%①，具体结构如表5-2所示。目前，农村经营主体还是以普通农户为主，随着农民外出务工劳动力的增多，劳动力转移加速了土地流转，逐渐形成了一些规模以上的种粮大户，而各种农业合作社、家庭农场等新型经营主体在调研的各个盟市均有出现，说明农村新型经营主体已经逐步开始成长。

表5-2　　　　调研对象经营主体类型构成

经营主体类型	户数（户）	占比（%）
普通农户	329	55.57
种粮大户	203	34.29
专业合作社	21	3.55
家庭农场	17	2.87
其他	22	3.72
合计	592	100.00

资料来源：根据调查问卷整理获得。

① 由于样本90%以上为普通农户和种粮大户个体，所以文章除特殊说明外，农户泛指所有调研样本。

5.2　样本特征描述

5.2.1　受访户主基本特征分析

本次调研的受访者大多为男性，592位受访者中男性有543位，女性只有49位。受访者中，青年（18～44岁）有242人，占比40.88%；中年（45～59岁）有274人，占比46.28%；其余76人为60岁以上老年人。所以受访者主要以年龄60岁以下的青壮年为主，占比87.16%。而受访者受教育程度整体偏低，初中以下文化程度的有468人，占比最高79.05%；而大专及以上只有22人，仅占4%。调研中还发现，新型经营主体的经营者文化程度普遍高于普通农户，并且每个地区都有大学生毕业返乡从事农牧业生产的典型案例。调研样本个体特征统计分析如表5－3所示。

表5－3　　调研样本个体特征统计分析

特征项	特征	人数	占比（%）	累积百分比（%）
性别	女	49	8.28	8.28
	男	543	91.72	100.00
年龄	18～44岁	242	40.88	40.88
	45～59岁	274	46.28	87.16
	60岁以上	76	12.84	100.00
受教育程度	小学以下	140	23.65	23.65
	初中	328	55.41	79.05
	高中	102	17.23	96.28
	大专以上	22	3.72	100.00

资料来源：根据调查问卷整理获得。

5.2.2 家庭基本情况分析

5.2.2.1 家庭成员及劳动力数偏少

从调查中发现，受访农户家庭成员主要以“三口之家”为主，占比35%；然后是家庭成员为4人的，占比23%；家庭成员为2人的占比21%。由此分析，目前农村家庭人口基本上以2~4人为主，占到调研样本的79%以上。农村两世、三世同堂的家庭比较少，成家子女基本都自立门户。从劳动力人口数分布上看，家庭劳动力人口数大多数为2人，共有393户，占比高达66.4%；然后是劳动人口数为3人的占15.4%。大多数家庭的主要劳动人口是夫妻双方。随着城镇化进程的加快，农村劳动力转移越来越快，务农劳动力会越来越少。受访家庭人口数及劳动力数分布结构如表5-4所示。

表5-4　　受访家庭人口数及劳动力数分布结构

家庭人口数/劳动力人数	家庭人口（户数）	占比（%）	家庭劳动力（户数）	占比（%）
1人	4	0.68	30	5.10
2人	124	20.95	393	66.40
3人	209	35.30	91	15.40
4人	133	22.47	63	10.60
5人	85	14.36	13	2.20
6人	31	5.24	2	0.30
7人及以上	6	1.01	0	0.00
合计	592	100.00	592	100.00

资料来源：根据调查问卷整理获得。

5.2.2.2 农村居民整体文化程度偏低

在调研样本592户家庭2047名总人口中，除去326名未成年的学龄人

口，剩余1721名成年人的学历结构分布如下（见图5-1）：初中文化程度751人，占比44%；小学文化的556人，占32%；高中及中专和大专及以上文化的各占14%和10%。受访农村家庭的学历主要以小学和初中为主，整体受教育程度偏低。少部分大专以上学历人群基本是城市中的“农二代”，他们大部分不在当地从事农业生产，而是外出谋生或大学毕业后留在城市。

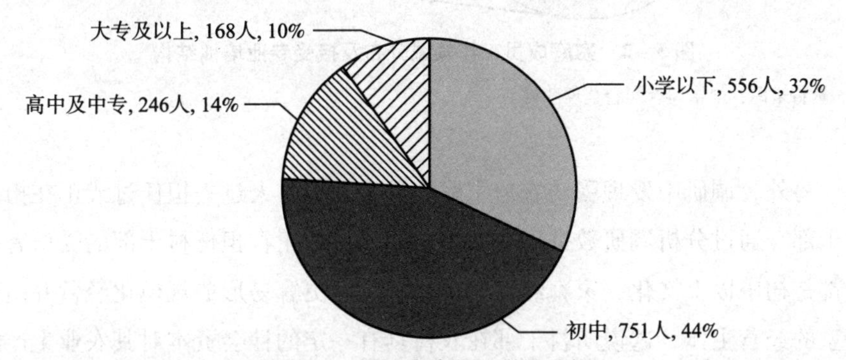

图5-1　受访家庭人口学历结构

资料来源：根据调查问卷整理获得。

5.2.2.3　家庭从业人口中主要以务农为主

关于家庭劳动力从业状况的调查显示（见图5-2）：74%的适龄劳动人口在当地从事农牧业生产（592户家庭的1721名成年人中，有1265人从事农牧业生产）。其余大部分都外出务工，而在本地从事其他非农劳动的劳动力占比非常低。说明目前农村除了农业生产经营以外，农民离土不离乡从事其他的工作的机会非常少。另外，调查发现目前农村也积极开展一些农牧业技术的相关培训活动，但是农民的参与积极性不高，务农人口中只有305人接受过专业的农牧业相关知识培训，只占从业人口的24%。

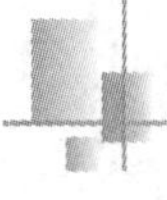

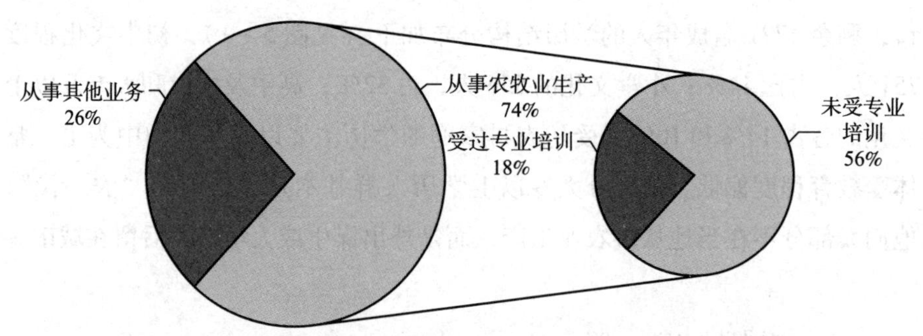

图5-2　家庭成员工作领域分布及接受专业培训结构

资料来源：根据调查问卷整理获得。

另外，调研中发现受访农户家庭成员中有105人过去担任过或正在担任村干部。通过分析调研数据不难发现，担任过或正在担任村干部的受访者一般都是初中以上文化，家庭经营面也比较广，更容易形成规模化经营并组建新型的经营主体。这说明村干部在农村具有一定的社会资本对其农业生产经营活动有很大帮助。

5.2.3　生产经营状况分析

5.2.3.1　经营范围及结构分析

通过对调研样本的生产经营范围的调查统计发现（见图5-3）：因为本次调研地区以农区为主，所以大部分农户以从事种植业为主，96%的样本农户从事种植业，部分农户兼营从事养殖业。还有个别农户涉足从事农机农技服务、农资农产品购销、农产品加工及其他业务。这说明在农区，种植业依然是第一大主业，并且农户种植结构逐渐从粮食作物向经济作物转移，与此同时，农民的经营范围也开始拓展到农产品加工、农机服务、农贸农产品购销等领域。

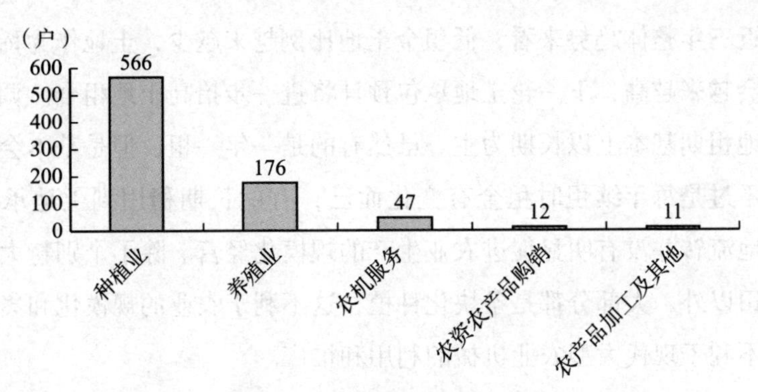

图5-3　调研对象经营范围

资料来源：根据调查问卷整理获得。

5.2.3.2　土地流转及经营规模分析

基于592户调查样本分析，几乎100%的受访对象都经营土地。其中61.3%的受访对象存在土地流入的情况，而只有15户流出土地，占比为2.5%。土地流转在农村普遍存在，但是流转的形式仅限于农户与农户之间的个人流转，缺乏统一规范的流转市场和程序。从调查样本的土地经营规模来看，近三年土地整体经营规模和户均经营规模均呈缓慢上升趋势，农村的土地规模扩展空间已经不大。灌溉面积也增长缓慢，说明近几年水利设施农田改造滞后，与发展预期存在差距。

土地经营规模还是以100亩①以下的小规模经营为主，300亩以下的土地经营主体占87%，300亩及以上的占13%，其中5000亩以上的仅占5%。调研分析发现经营规模的调研区域差距较大，小于100亩的经营主体主要分布在巴彦淖尔市、呼和浩特市和通辽市的农区。而大于300亩的经营主体属于特殊经营主体，主要集中在呼伦贝尔市的牧区及过去的国有农场和赤峰市的农牧结合带，其他三个盟市占比很小。

① 1亩等于0.0666667公顷。

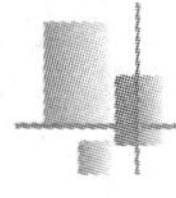

从近三年整体趋势来看，低租金土地比例越来越少，土地作为稀缺资源其租金会越来越高，下一轮土地承包预计将进一步抬高土地租金。调研中发现，土地租期基本上以长期为主。虽然有的是一年一租，但是基本会一直续租，只不过是每年续租时租金有变化而已；有的长期租用到土地承包期结束。土地流转并没有明显促进农业生产的规模化经营。除了个别特大农户有成片农田以外，大部分都是条块化种植，这不利于农业的规模化和集约化经营，更不利于现代大型农业机械的利用和推广。

5.2.3.3 种养殖结构及规模分析

根据对调查样本种植结构分析来看：近三年种植结构稳定，以粮食作物为主。粮食作物种植达到总种植面积的60%以上，然后是经济作物占约24%。具体种植分布的农作物有20余种，其中粮食作物种植主要以玉米、小麦、马铃薯、各种杂粮为主，经济作物主要以葵花和油菜籽为主，另外个别农牧交错带旗县也出现了牧草和青储玉米等饲料作物的规模化种植。根据调研情况，近三年样本种植结构具体如表5－5所示。

表5－5　近三年种植结构及规模　单位：亩

种植结构及规模	2016年	2017年	2018年
粮食作物	106642.3	101098.9	153627.9
经济作物	48832.4	54105	89860.6
饲草料	14445	16630	19000
合计面积	169919.7	171833.9	262488.5

资料来源：根据调查问卷整理获得。

各盟市调研地区种植的主要农作物种类如表5－6所示：各个盟市的粮食作物种植以玉米为主而兼具区域特色，巴彦淖尔市的粮食作物兼种小麦；

赤峰市除了玉米以外主打赤峰杂粮品牌，包括小米、绿豆等；呼和浩特的旗县马铃薯种植业初具规模；呼伦贝尔市除了玉米以外还种植大豆、黄豆等豆类以及大麦、小麦等作物；而通辽市基本是以种植玉米为主。而经济作物的种植主要是油料作物居多，基本上都以葵花为主，呼和浩特和呼伦贝尔部分地区还种植油菜籽，而通辽市的辣椒成为经济作物的支柱。巴彦淖尔市的葫芦也成规模种植。牧草种植主要分布在赤峰市，特别是阿鲁科尔沁旗的苜蓿草种植基地，呼和浩特部分旗县也有牧草种植区域。

表5-6　　各盟市调研地区种植的主要农作物种类

种植种类	巴彦淖尔市	赤峰市	呼和浩特市	呼伦贝尔市	通辽市
粮食作物	玉米 小麦	玉米 杂粮	玉米 马铃薯 莜麦	玉米 豆类 麦子 杂粮	玉米
经济作物	葵花 葫芦	葵花	葵花 油菜籽	葵花 油菜籽	辣椒
饲料作物	—	苜蓿 青贮玉米	牧草		

资料来源：根据调查问卷整理获得。

养殖结构主要以牛、羊为主，个别农户家里养马和驴等大畜和鸡、鸭、鹅、猪等小牲畜家禽等。通过各盟市的调研情况分析可知：几乎每个地区的养殖结构都是以牛、羊为主，只有呼伦贝尔市个别农户家里养鸡、鸭、鹅、猪等小牲畜家禽，赤峰市个别农户家里养一些马和驴、牛等大畜。近三年养殖业的存栏量、出栏量、销售量整体均呈递增趋势，但是增加幅度并不大，具体养殖结构如表5-7所示。

表 5-7　　　　　　近三年养殖规模及结构　　　　　　单位：头、只

类别	2016 年			2017 年			2018 年		
	存栏	出栏	销售	存栏	出栏	销售	存栏	出栏	销售
羊	16550	6729	7539	19329	7915	8972	21811	8415	9273
牛	1253	158	376	1216	217	335	1289	279	373
鸡鸭鹅等	1571	1313	1303	515	300	300	1247	1043	1043
马驴	146	50	26	152	56	32	168	61	37
合计	19520	8250	9244	21212	8488	9639	24515	9798	10726

资料来源：根据调查问卷整理获得。

5.2.3.4　收入水平与结构分析

调研结果如表 5-8 所示，近三年的农户家庭总收入整体上呈不断上升趋势，普通农户的户均收入水平相对较低，而种粮大户的户均年收入水平突破了 20 万元，而作为其他的新型经营主体的农户收入远远高于普通农户和种粮大户，但是由于经营性质不同，两者不具有可比性，而且这种差距还有逐步拉大的趋势。

表 5-8　　　　　　经营主体分层户均年收入水平　　　　　　单位：元

经营主体类型	2016 年	2017 年	2018 年
普通农牧户	72436	75877	91062
种粮大户	220086	231709	322120
农民合作社	682560	733366	2108274
家庭农场	2632875	1986019	2799954
其他	1573947	1957965	2314003

资料来源：根据调查问卷整理获得。

从被调研农户的收入来源来看，除了养殖业因为养殖规模和收购价钱导致收入有较大起伏之外，其他来源的各种收入均呈一定增长发展趋势。而从收入来源结构看来，农户绝大多数的收入来源还是以种植业为主，个别养殖大户以养殖业收入为主；对于个别农机保有大户，其对外提供农机服务项目收入也是关键收入来源。总体上经营性收入、财产性收入、工资性收入相对性较少。另外调查发现，近些年来自政府财政转移支付的收入增长显著，未来增加农户非农收入是重点。农村户均家庭收入结构如表5－9所示。

表5－9　农村户均家庭收入结构　单位：元

收入来源渠道	2016年	2017年	2018年
种植业	235509	229184	332621
养殖业	14322	14821	12277
经营性收入	2840	3599	6807
财产性收入	8522	9698	21793
工资性收入	6135	7091	7165
转移性收入	6703	13036	21583

资料来源：根据调查问卷整理获得。

5.2.3.5　生产投入情况分析

调查结果如图5－4所示，在农民收入增加的同时，生产性投资也在逐年增加。虽然在2017年固定资产投资减少，但并未改变总体上升的趋势。固定资产投资主要用于购买农业机械。这种变化也可能是由于农民逐渐撤消了对购买农业机械的支持，转而使用租赁，导致生产成本增加。

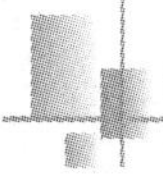

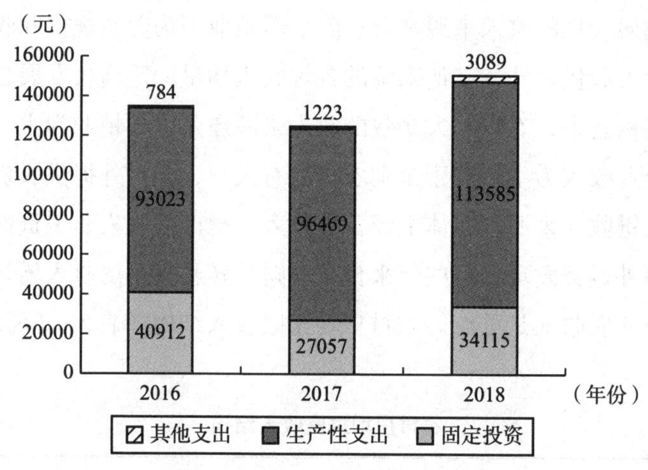

图 5-4　农牧户生产性投入结构

资料来源：根据调查问卷整理获得。

5.3　农机保有情况及购置需求分析

5.3.1　农户农机保有状况分析

5.3.1.1　农机保有量高，但以小型低值为主

根据对农民拥有的农业机械数量和规模的调查和分析，发现大多数农民在家中都拥有农业机械，只有 63 户被调查的农民在家中没有农业机械。10.6%的受访者。如表 5-10 所示，被调查农民拥有大、中、小型农业机械 1739 台，其中单价不足 5 万元的占 75.79%；单价 10 万～20 万元的 158 台，占 9.09%；单位 20 万元以上的农机仅占 7.59%。这些高价值、高产量的农业机械大多数集中在一些种粮大户和新型经营主体手中。以上分析表明，小型农机仍在农民拥有的农机中占主导地位。

表5－10　　农机保有量及价格分布

农机价格区间	台数（台）	占比（%）
1万元以下	718	41.29
1万～5万元	600	34.50
5万～10万元	131	7.53
10万～20万元	158	9.09
20万元以上	132	7.59
合计	1739	100.00

资料来源：根据调查问卷整理获得。

5.3.1.2　农业机械类型耕种机械多，收获机械少

调查显示，农户现有的农业机械保有量中，有动力机械648台，占37%。排在第二位的是耕种机械428台，占25%。而收获机械仅有238台，仅占14%，其余主要是小型农用机械。它还反映了用于种植的机械多而收获机械少的特征。此外，研究发现，只有少数大型牧场种植者和合作社拥有畜牧机械，因此，除了电动机械外，当前的畜牧业对机械的所有权水平也相对较低。总体而言，被调查地区农业机械的发展表现出"小多大少、种多收少、农多牧少"的基本特征（见表5－11）。

表5－11　　农业机械保有量类型结构

农业机械类型	数量（台）	占比（%）
动力机械	648	37.26
耕种机械	428	24.61
收获机械	238	13.69
农用车	75	4.31

续表

农业机械类型	数量（台）	占比（%）
农产品加工机械	52	2.99
低值农机具	298	17.14
合计	1739	100.00

资料来源：根据调查问卷整理获得。

5.3.1.3 农牧业机械品牌分布呈地域化差异

在农机品牌方面，存在一定的地域选择偏好，大型农机的品牌主要有约翰迪尔、东方红、雷沃、黄海金马等。中小型机械品牌很多，同一地域的品牌相对集中。因此，农户选择农机品牌时，除了个别对产品品牌偏好以外，大部分主要看当地经销商经销的主要品牌，而且品牌选择时具有一定从众效应。

5.3.2 农户农机需求情况分析

5.3.2.1 农户农机购置需求依然旺盛

通过对农户的农机购置需求调查发现，随着土地的大规模流转以及规模化经营的逐步形成，农户对于农业机械的需求特征也发生了一定改变。本次调查样本农户中，有50%的家庭在未来两年内依然有农机购置需求。同时发现，国家对农村发展的支持力度越来越大，对农机具的补贴不断增加，农民改善生产方式的积极性有所提高，而农户的农机购置行为也在发生根本性的转变。

5.3.2.2 农机购置需求以播种收获机械为主

关于农户农机需求特征的调研发现，由于农户生产经营需求的多样性，

所以在对农业机械类型和动力马力要求方面存在一定差异。但是，整体上来看目前主要的需求是收获和种植机械，因为目前保有农机中动力机械和耕作机械占比较高。为了适应农业规模化生产经营的需求，未来农业机械购买的趋势主要以大马力机械为主，农民自有资金的财力无法满足购买大型农机具的资金需求（见表5－12）。

表5－12　　农户未来预期农机需求类型结构

机械类型需求	需求台数（台）	占比（%）	马力要求
耕耘机械	72	16.82	大型
播种机械	93	21.73	大中型
收获机械	125	29.21	大型
动力机械	69	16.12	大中型
其他	69	16.12	—
合计	428	100.00	—

资料来源：根据调查问卷整理获得。

5.3.2.3　农机购置需求以高价值大型机械为主

另外调查发现，与农机保有情况的结构特征不同，未来对农机的需求主要表现为高马力，大品牌和高价值等高端化、大型化、智能化农机的需求。如表5－13所示，目前农户保有的农机价格在5万元以上的只有24.21%，而价格在10万元以上的更少，仅占16.68%，但统计发现未来对价格在5万元以上农机的需求将占总需求的64%以上。

表5-13　　农户未来预期农机需求类型结构

价格类型需求	需求台数（台）	占比（%）
20万元以上	140	32.71
10万~20万元	82	19.16
5万~10万元	53	12.38
2万~5万元	69	16.12
2万元以下	84	19.63
合计	428	100.00

资料来源：根据调查问卷整理获得。

5.4　调研样本金融服务供求特征分析

金融支持是农业现代化发展不可或缺的角色。在农业现代化进程中，农村金融服务的水平和质量在逐步提高，但仍然无法与农业现代化发展的步伐相协调，整体上存在供求结构性矛盾。

5.4.1　金融服务需求特征分析

5.4.1.1　农村家庭借款需求逐年增加

在受访的592户农户中，过去3年发生过借款行为的有370户，在所有受访农户中的占比高达62.5%。这370户中近3年共发生过借款722人次，其中2016年发生175人次，2017年发生230人次，2018年发生317人次。其余的222户也并不是没有借贷需求，部分由于家庭经济状况较好或开支较少无信贷需求，而有很大一部分是由于其他的限制性因素没有发生过借款行为，这种情况在经营土地比较少的普通农户中常见。近3年来，农户的借款需求在逐年增长，增长幅度越来越大。

5.4.1.2　融资需求额度以小额为主

调查结果显示，农户在借款时，考虑到利息、借款期限与偿债能力等因素，借款额度通常较小，10万元以下为主要借款额度，占比77%；30万元以上的仅占9%。以上分析说明，当前农村地区的融资主要以小额贷款为主，而超过30万元的大笔资金需求则主要集中在一些专业合作社、家庭农场、大型农业机械和其他新的农村商业实体。只要农牧民有借款需求，他们的资金需求就可以基本得到满足。但是，普通农牧民的贷款通常是少于5万元的小额贷款，而大笔贷款通常仅提供给特殊经营实体，例如农场和牧场以及农业机械合作社。换句话说，农户能够得到满足的主要是小额资金需求，而购买大型农机等大额资金需求仍然很难被满足。

5.4.1.3　借款用途以维持农业生产为主

关于借款用途绝大多数调研发现农牧户的借款用于“农业生产”，部分由于特殊的生产经营需要用于工程或运输、批发零售、产品加工等经营支出，仅有个别农户进行消费信贷。调研样本中677笔借款是用于“农业生产”，占比94%。而用于农业生产的78%被用于农资购买、雇佣工资、土地租金等生产性支出；用于农机购置仅占11%；用于农业基础设施或生产用房的占3%；用于农产品的仓储或销售占1%。不难发现，农牧户的借款主要用于农业生产中的生产性支出（见图5-5）。

5.4.1.4　农户借款以短期小额为主

在调研样本中，有90%的借款行为借款期限不超过1年；有7%的家庭虽超过1年，但欠款必须在3年内还清；而3%的超过3年的借款据分析基本上是亲戚之间的小额资金拆借。由此可以发现，农户借款的周期主要以短期为主，这主要是因为目前涉农金融机构针对农户的贷款基本以1年为期，

但是短期借款与农业生产的长投资周期存在期限错配，有时候会导致农业生产的不可持续性。

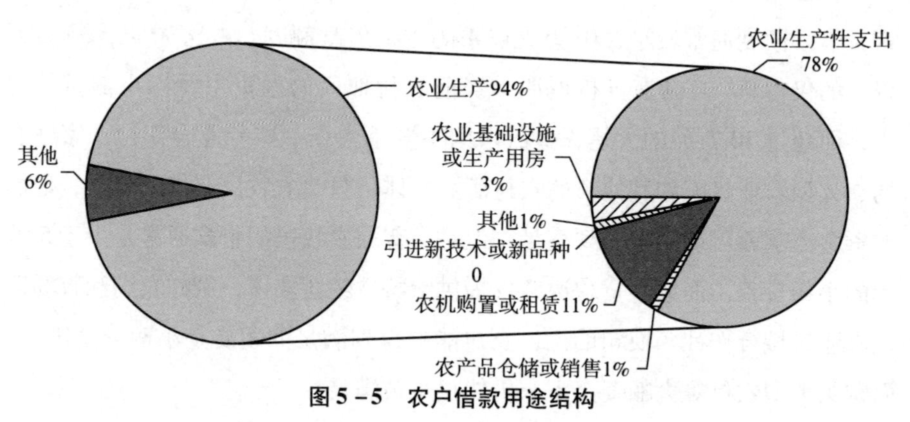

图 5－5　农户借款用途结构

资料来源：根据调查问卷整理获得。

5.4.2　金融服务供给特征分析

5.4.2.1　金融供给主体单一，以信用社为主

通过对农户近年的贷款经历调查发现，大多数农牧民的借贷渠道都只有农村信用合作社。因为在大多数被调研期限，只有农村信用合作社为农牧民提供金融服务，其他涉农的正规金融机构很少。除了向亲戚朋友进行资金拆借，大约85%的借款渠道是信用合作社，只有少数特别的经营主体可以从中国农业银行获得借款。中国农业银行有时会提供一些政策性贷款，贷款利率相对偏低，但是普惠性较差。其他金融机构很少在农村地区设立营业网点，所以农牧民很少能接触到这些机构。

5.4.2.2　农村金融机构服务体系不够完善

尽管大部分农户在选择融资机构时，大多倾向于农业银行和农村信用

社，经过调查走访了解到农业银行近年在该地区发放部分政策性贷款，利率相对较低，但是指标相对较少，不面向每一个农户，另外农行在农村很少设立服务网点，可以享受其服务的农户十分有限。农户对于农村信用社的选择大多数是出于无奈，因为存在贷款期限短和利率高的问题，农民对信用合作社提供的金融服务的质量和水平并不满意。但是，目前农民了解的融资渠道有限，农村金融市场上可供选择的金融机构更有限。

5.4.2.3 正规金融渠道融资比率较高

对于过去3年有借贷经历的农户来说，选择从正规金融机构（如农村信用社或农业银行）借款的比非金融机构（如亲戚和朋友、民间融资）借款相对要多。在发生过借款行为并且记录了借款渠道的农户中，77%以上都是从农村信用合作社等正规金融机构获得贷款，只有一小部分家庭是通过亲戚、朋友或私人贷款借款的。可以看出，农户主要还是通过正规金融机构获得贷款，以避免由于不当程序和其他原因引起的利息纠纷，另外就是可选择余地较小。

5.4.2.4 仍以抵押和担保贷款为主

目前农户获得借款还是要提供抵押或者有人担保，从农村信用社或农业银行等正规金融机构取得借款的农牧民，担保的形式有所差别。金融机构根据农村的特殊性，也创新了一些抵押担保方式，通常情况下，农村信用社根据农牧民借款额度的大小，需要农牧户提供“三联保”或“五联保”，一些银行则需要借款人提供抵押。根据借款人的资信状况，建立在针对还款能力和还款意愿评估基础上的信用贷款仍然很有限。

5.4.2.5 新型金融服务主体潜力巨大

调研发现，目前一些新型的金融机构和组织逐渐开始向农村渗透，以开

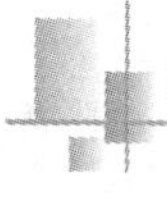

发农村金融市场。由于传统商业银行的机制缺乏灵活性，在农村牧区开展金融服务并不顺利。而近年发展起来的普惠型新型金融机构在为农户提供高效便捷的金融服务上有巨大潜力。目前一些机构开始致力于帮助发展实体农村经济和促进农村地区消费金融发展两大目标，而开展好农机租赁业务就是对农户农机投资和推进农业机械化发展有力的金融支持。

5.5 农机购置金融服务状况分析

5.5.1 农机购置融资金融服务需求分析

5.5.1.1 现有农机购置多以自有资金为主

通过对持有农机农户的调查发现，93%保有农业机械农户，农机购置的资金来源大约70%都是靠自有资金购买，剩余137户过去3年因购置农机发生过179人次借款行为。虽然现有农机保有量很大，但是基本以小型农机为主，一般普通家庭也仅可以负担小型农机具的购置支出。但是随着土地规模化经营，农牧民需要更新购置大型农机来适应生产发展的需要，而农牧民的自有资金难以满足大型农牧业机械的购买，因此未来农机融资租赁市场前景广阔（见图5-6）。

5.5.1.2 农机购置资金需求额度以小额为主

农牧户融资租赁的需求额度特征类似于家庭借贷额度需求，正如图5-7所示，基本是在30万元以下，其中10万元以下的融资需求占85%，而30万元以上的仅占3%。在调研中发现，与其说是农牧户农机融资需求额度不高，实际上是金融机构供款额度有限。如果适当放宽信用社或农行的放款限

额，农民购置机械所需的自有资金数量就会减少，从而会进一步增加农机融资需求。

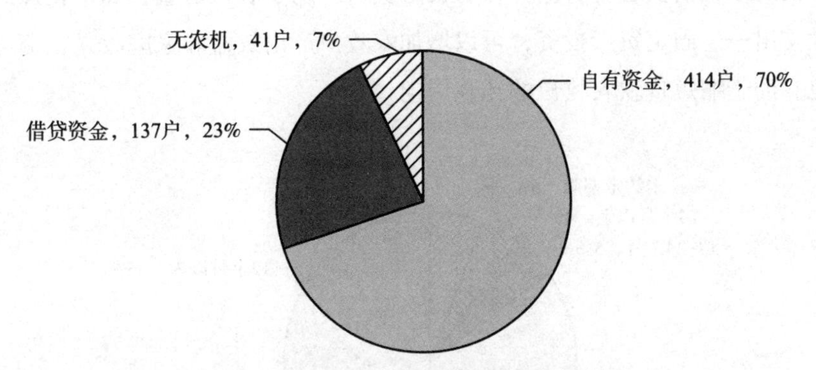

图5-6　现有农牧业机械购置的资金来源

资料来源：根据调查问卷整理获得。

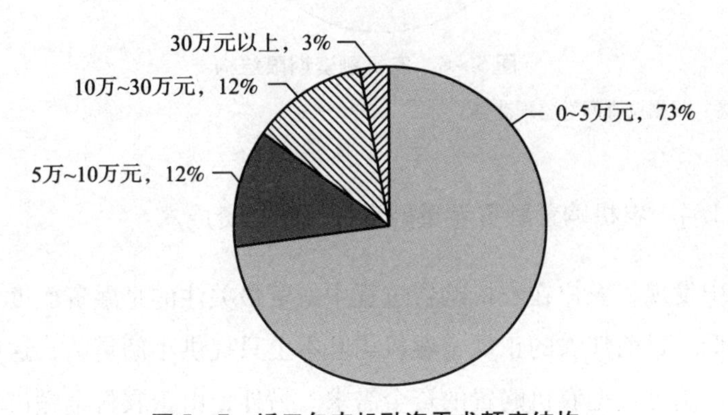

图5-7　近三年农机融资需求额度结构

资料来源：根据调查问卷整理获得。

5.5.1.3　农机购置借款周期普遍较短

由于金融机构的制度限制，即使是农机购置投资的借款周期也是以1年以内的短期为主。如图5-8所示，85%的农机购置融资期限都是在1年之内，5%的农机购置投资的借款为1～2年，2年以上的只占4%，但是这个期限更多取决于金融机构规定的借款周期。农机融资借款周期和一般用于生活性消费家庭信贷还有所差异，农机融资借款用于农机购置，属于特殊的生产性支出——固定资产投资，可以增加农牧户产出效益和家庭收入，资金回笼也有助于缩短贷款农牧户的还款周期。

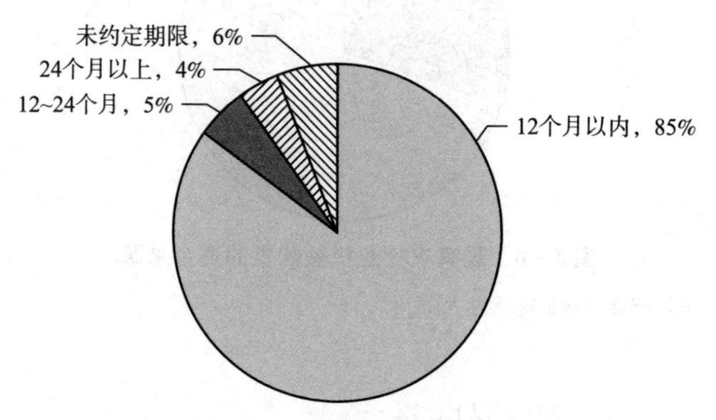

图5－8　农机融资期限结构

资料来源：根据调查问卷整理获得。

5.5.1.4　农机购置融资看重融资额度和融资成本

调研中发现，农户在农机购置过程中融资最关注的是融资额度大小和融资成本高低。目前涉农的正规金融机构基本上只提供小额贷款，这些融资渠道往往难以满足大型农机购置的资金需求。另外，由于农村金融市场的特殊性，除了一些政府贴息的政策性贷款以外，目前正规金融机构针对农村金融市场投放贷款的利率普遍偏高。这些因素都抵制了农户农机购置投资的积极性。其他关注的因素还包括贷款手续的繁杂程度、时效性以及抵押担保条件。由于农户农机购置融资需求多是应急性的，如果手续繁杂，放款期限太长可能会影响其正常的农业生产和经营，而现实中农户又无法提供合格的抵押物。

5.5.1.5　农机厂商、经销商融资需求潜力大

通过调研发现，目前农机金融需求主要体现在各个主体层次，不但购买者需要融资，农机经销商和生产商同样有融资需求。对于经销商而言，农机经销商的销售有很大一部分是赊销，所以销售额回收慢、周期长，这对农机经销商的资金周转造成一定的困扰。而资金不足会极大地制约农机经销商的发展，所以经销商融资需求相对于普通农牧户来说更大。对于生产厂商而言，内蒙古部分农牧业机械生产厂家整体竞争力不断提升，无论是在产品整体质量，还是在产品外观设计上，产品均在不断改善。同时农牧业机械产品的结构也在不断完善，产品性价比不断提升，尤其是牧业机械产品在国内市场竞争力较强，而目前很多生产厂家因经济不景气，发展受到资金的困扰，所以农牧业机械生产厂商也是内蒙古地区农机金融需求的主力。

5.5.2　农机购置融资金融供给情况分析

5.5.2.1　小型农机无须融资，大型农机无处融资

调研发现，农牧户保有农机 70% 是自有资金购置，23% 是通过借款购得，其他农户无农机，这说明农机融资目前在农村的开展不力。现有农机基本上以小型为主，而对于农户而言，购置小农机的资金需求基本能够自给自足。但是随着土地流转进程的加快，土地规模化经营的农牧户会越来越多，因而大中型农机的需求越来越旺盛。农牧户购置大型农机具的时候面临融资缺口，但是现有的金融机构的融资额度太小，无法满足大型农机具购置的资金需求，大型农机的融资需求满足程度很低。

5.5.2.2 小额农机融资正规金融渠道占比较高

农机融资状况与农户整体融资行为类似，农机融资的金融机构渠道主要以信用社和农业银行等正规金融机构为主，占58%；亲戚朋友也是主要的资金来源，占32%；而小额信贷公司等其他融资渠道占比很低。整体上来看，目前农机融资租赁等新型农村金融服务的渗透率非常低。

5.5.2.3 农机融资困难在于利率高、额度不足、期限不匹配

在调查中发现，问及购买农机贷款时面临的困难时，被提及频率最高的就是贷款额度不足、利率高以及贷款周期不灵活。

（1）贷款利率高。向农民提供贷款的金融机构，一般年利率均在12%以上，近3年来没有大幅度的变化。尽管国家农机补贴越来越高，但由于农机融资成本偏高，压缩了农牧户的利润。

（2）放款额度小。面向农牧户的放款基本都限定在5万元以内，在购置大型农机具时根本无法满足需求。大部分金融机构都会认为农民的还款能力有限，承担风险的能力不足，所以不愿对其发放大额度的贷款。而小额度贷款则限制了农牧户进行农业生产的规模。

（3）贷款周期不灵活。目前一些金融机构压缩放款期限，以最大限度降低金融机构自身的风险，提供的农机借款周期仍然以1年的短期为主，而农牧业生产本身周期性很长，农机贷款期限与农业生产周期两者不匹配。

（4）放款不及时。农牧民一般在春忙秋收急需农机时才有资金需要，但是放款不及时会延误生产。金融机构的贷款手续烦琐，尽管规避了金融机构的自身风险，但却增加了农牧民的融资难度。农机购置融资困难原因结构如图5-9所示。

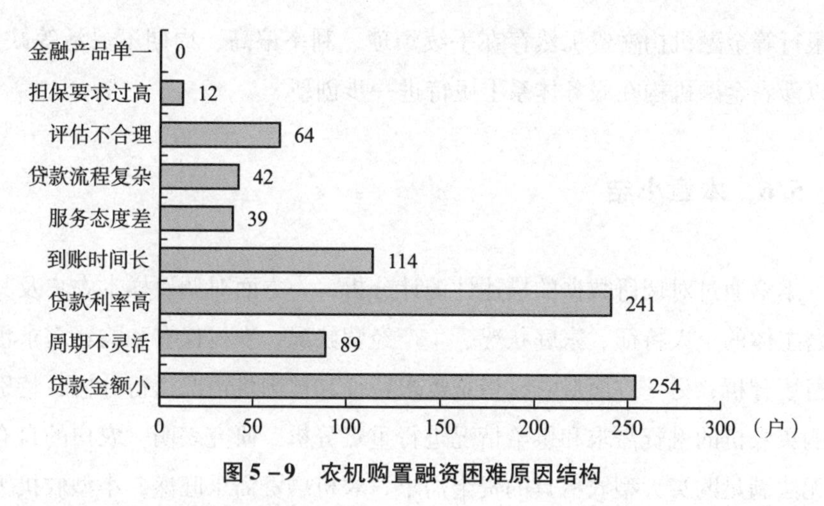

图5-9　农机购置融资困难原因结构

资料来源：根据调查问卷整理获得。

5.5.2.4　农机金融供给主体逐年增加

通过调研了解：目前农村金融服务主要的供给主体还是以农村信用社为主，中国农业银行每年会有部分涉农低息优惠贷款，但是放款率很低。农村信用社的利息率基本在1.2%左右，每户贷款最高额度为5万元，贷款周期短（10个月），必须年底还款，一般担保方式是五户联保。包商银行也有介入当地的农机金融市场，方式较灵活，但是包商银行还要求缴纳保证金。融资租赁销售方式已经进入赤峰农机市场。中国银行、中国邮政储蓄银行、宜信等金融或非金融机构已涉足农机融资租赁领域。因为农业生产周期相对比较长、收益稳定性不高，所以农机贷款期限应该与农业生产周期匹配，农业贷款周期改为以中长期贷款为主，最起码3~5年。经销商的金融供给一般来自银行。一些融资租赁公司与经销商虽然也有接触，但是利息普遍偏高，并且将风险全部转嫁给经销商，但是由于风险通常较高，经销商一般不会考虑与其合作。商业银行基本上是直接给经销商放款，经销商给农户融资，月利息1.5%左右，虽然比银行贷款成本高，但是手续简单、门槛低。经销商从银行等金融机构融资仍然存在手续烦琐、利率偏高、周期不灵活等缺点，所以涉农金融机构在服务体系上亟待进一步创新。

5.6 本章小结

本章通过对调研数据的描述性统计分析，一方面对调研样本农户及其他经营主体的个人特征、家庭状况、生产经营状况、农机保有和购置需求情况进行了分析；另一方面对农村借贷需求特征和被满足情况进行分析，特别是对购买农机的融资需求和供给情况进行重点分析。研究表明：农户的自有财力无法满足购买大型农机具的资金需求，农机融资需求旺盛。小型农机无须融资，大型农机无处融资。现有融资的金融机构渠道以农村信用社为主，农机融资的困难在于贷款额度小、利率高、到账时间长和周期不灵活，农户在购买农机时存在结构性融资约束问题。这为后续研究农机投资行为和农机融资租赁意愿提供了微观现实基础。

第6章

农户融资约束识别及其影响因素分析

在农业现代化进程中，农业机械作为农业生产中的投入要素扮演着重要角色。同时农业机械购置也是农户生产经营活动中相对较大规模的投资，而农户的自有资金根本无法满足农业机械化投资的需要。所以农村金融依然是实现农业现代化进程中的核心之一，要实现农业机械化离不开金融的强有力支持。尽管近年来随着国家对“三农”问题的重视，我国农村金融改革不断深化，农村金融服务水平显著改善，农户的融资约束得到了很大缓解。但是在农业现代化进程中仍然存在结构性融资约束问题，特别是对于农业机械这样的生产性固定投资的资金需求仍然不能得到满足，农户的农业机械投资行为依然受到较大的融资约束，影响着农业机械化进程。本章将基于第5章的调研数据分析，基于农户的视角有效识别农业机械化过程中的融资约束问题，探究农户面临的融资约束程度，分析其影响因素，为下一步研究农户的农机投资行为以及探讨不同融资约束背景下的农户农机投资行为及参与农机融资租赁意愿分析奠定基础。

6.1 农户融资约束的识别过程分析

根据前面的理论分析框架，本章应用直接识别法对于调研农户是否受融

资约束进行识别。融资约束也不单单来自正式金融机构和非正式金融机构等供给方，也有可能来自需求方，因为农户可能会基于利率过高或者贷款获得率过低而自愿放弃申请贷款。也有可能因为对金融机构信息了解不足、信息不对称等导致需求者放弃申请贷款。因而，大部分学者的研究都把融资约束按照产生的原因分为需求型融资约束和供给型融资约束。现实中大部分融资约束都源于金融供给的配置，属于供给型融资约束，但是也不乏有由于农户因为考虑到手续繁杂、不满足抵押要求等困难而放弃寻求正规的金融机构申请贷款，这表明农户对信贷渠道和贷款过程的了解和认识会影响到农户的融资行为，从而形成需求型融资约束。本书通过对已有文献的归纳总结，结合调研实际情况，基于融资约束识别机制将农户所面临的情况区分为农户是否受到融资约束，将受到融资约束的样本进一步区分需求型融资约束和供给型融资约束，将调研农户具体分为无融资约束、供给型融资约束和需求型融资约束三类。具体的识别过程如图 6 - 1 所示。

第一，在问卷中设置了关于近 3 年是否有过借款经历的选项，通过对调研样本近 3 年是否有过借贷行为进行第一步识别区分为有借贷行为和没有借贷行为两组。在 592 户样本中，有 364 户近 3 年有借贷行为。如果有借贷行为则进一步调查其借款的具体次数、金额、渠道、期限等信贷特征，没有借贷行为的进一步分析其原因。

第二，针对有借贷行为样本的借款渠道问卷中设置了亲戚朋友、信用社或农商行、邮政储蓄、农业银行、村镇银行、地方商业银行、小额贷款公司、其他贷款机构、资金互助社、民间借贷等具体的渠道选择，将融资渠道区分为是否从正规金融机构获取借款两个方面进行识别。364 户有借贷行为的调研样本中有 250 户从农村信用社、农业银行等正规的金融获得借款，114 户没有从正规的金融机构获得借款。

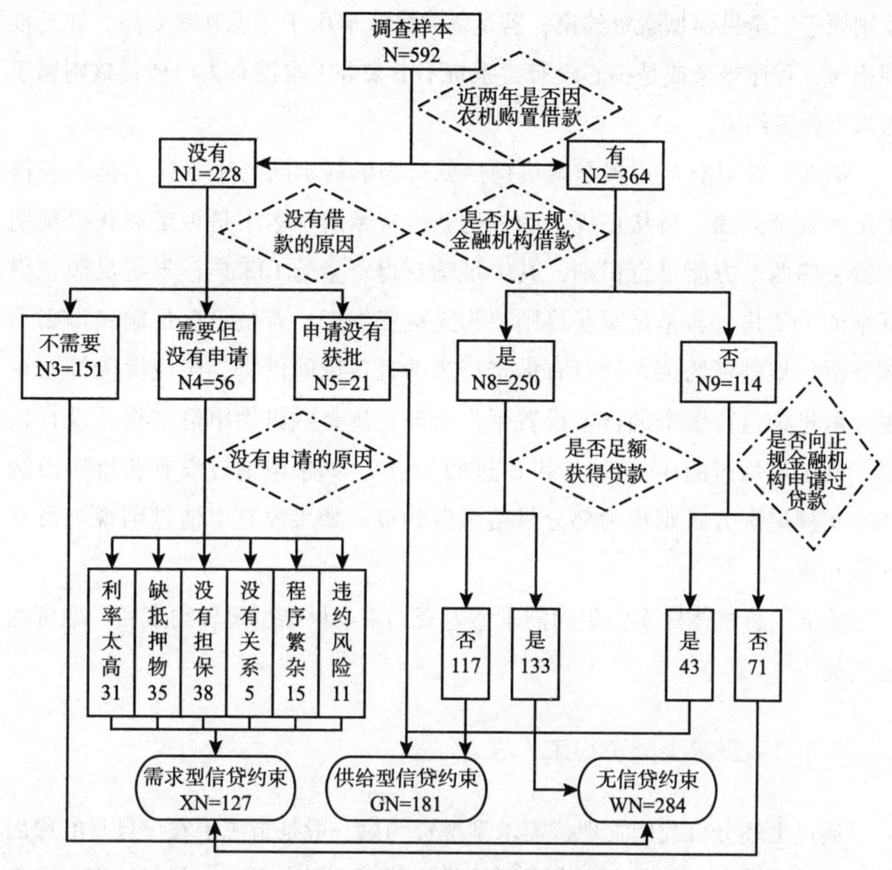

图6－1　调研样本融资约束识别

第三，针对没有借款行为的农户如果通过没有借款的原因问卷中设置了没有资金需求、申请过但是没借到、有资金需求但没有申请三种选项，其中没有资金需求的农户151户，申请过但是没有获批的21户，需要资金但是没有借款的56户。对于申请过但是没借到钱的原因具体设置了信用不够、缺乏抵押担保、没有银行关系等选项；对于有需求但没有申请的原因设置了考虑利率太高、缺乏抵押担保、程序繁杂或是担心没有关系贷不下款等选项。若是自有资金充裕无须借贷则属于无融资约束；若是申请过没有获得贷

款则属于完全供给型融资约束；若是需要资金但由于考虑利率太高、缺乏抵押担保、程序繁杂或是担心没有关系贷不下来等因素没有去申请贷款则属于需求型融资约束。

第四，针对有从正规金融机构借款行为的样本问卷中设计了是否获得了足额资金问题，将从正规金融机构获得贷款的样本中是否足额获得预期借款金额两个方面进行识别，其中足额获得资金的133户，不能足额获得资金的117户。若是足额获得则视为无融资约束；若是没有足额获得则为部分供给型融资约束。针对有借贷行为并且从民间借贷、亲戚拆借等非正规金融机构进行融资的样本设置了是否向正规金融机构申请过贷款进行识别，其中申请过的43户，未申请过的71户。如果申请过没有获得转而选择非正规融资方式则视为部分供给融资约束；如果没有申请过则视为没有融资约束。

第五，将整体样本归集为需求型融资约束、供给型融资约束和无融资约束三类。

6.1.1 需求型融资约束

通过上述分析我们发现，需求型融资约束一般是指源于农户自身的原因导致的融资约束，如果农户有实际的贷款需要，但由于担心利率过高。还款压力大，无法提供抵押、质押或者办理贷款手续烦琐等，没有向正规金融机构申请贷款则认为其受到了需求型融资约束。分析样本中有56户属于完全的需求型融资约束。当农户基于上述原因放弃正规金融机构融资的机会转而向亲戚朋友、小额信贷等民间融资机构进行融资同样被认为存在需求型融资约束，则为部分需求型融资约束，本书样本中有71户属于该类型。所以受需求型融资约束的农户样本共计127户，占全部样本的21.45%，其中完全性融资约束占9.46%，部分性融资约束农户占11.99%。

6.1.2　供给型融资约束

当农户向正规的金融机构申请贷款但如果农户无法获得贷款则为完全供给型融资约束。但如果所申请到的贷款与申请额度存在差额、所申请的贷款的利率比预期的高、贷款期限比预期的短等情况，则表明该农户受部分供给型融资约束。通过上述分析发现，申请了正规的金融机构贷款被拒绝的21户属于典型的完全供给型融资约束，而通过正规的金融机构获得了贷款但是金额不能满足预期需求，同时利率相对较高、贷款期限太短和农业生产不匹配导致的部分供给型融资约束117户。另外在通过其他非正规金融机构获得资金的43户同样面临部分供给型融资约束。所以受供给型融资约束的农户样本共计181户，占全部样本的30.57%，其中完全性融资约束占3.54%，部分性融资约束农户占27.03%。

6.1.3　农户融资约束识别结果

通过表6-1可知被调研样本农户整体受融资约束的有308户，占被调研样本的52.3%，其中由于金融供给主体的金融配给导致的融资约束有181户，占比30.58%，由于农户自身的各种原因导致的未能从正规金融机构获得融资的受需求型融资约束的农户127户，占比21.45%。而不受融资约束的农户共有284户，占比47.97%，其中有151户是没有资金需求或者自身资金充裕没有融资需求而无融资约束，而另外133户是通过正规的金融机构申请贷款的同时也足额获得贷款金额，同时贷款利率和期限、手续等都符合自身预期而无融资约束。从另一个角度来说，受完全融资约束的共有77户，而受部分融资约束的农户有231户。

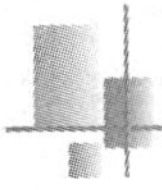

表 6-1　　　　农户融资约束识别结果汇总

类型	二级类别	户数（户）	比例（%）	户数（户）	比例（%）	户数（户）	比例（%）
需求型融资约束	部分需求型融资约束	71	11.99	127	21.45	308	52.03
	完全需求型融资约束	56	9.46				
供给型融资约束	部分供给型融资约束	160	30.57	181	30.58		
	完全供给型融资约束	21	3.54				
无融资约束	无资金需求	151	25.51	284	47.97	284	47.97
	融资需求满足	133	22.46				
合计		592	100	592	100	592	100

所以由以上分析可知目前对于调研地区的融资约束还是普遍存在的，融资需求相对来说比较旺盛，但是错配型融资约束比较严重的原因主要是源于供给型融资约束。但随着国家对“三农”问题的日益重视，与前几年相比融资约束整体上还是有一定缓解的，但是目前更多的融资约束是属于结构性的部分融资约束，而完全融资约束相对较少。近些年，国家大力提倡发展普惠金融，普惠金融的发展理念就是为更多的弱势群体和地区提供金融服务。但是根据调研情况发现，现行的农村金融体制中，依然还是以农村信用社为主，其他的金融机构对于农村金融市场的参与率很低，包括农业银行在调研地区农村的渗透率都很低。同时借贷手续上的抵押担保问题依然存在一定的瓶颈——一是缺乏抵押物，二是需要担保。现行的五户联保制度在实际执行中农户的参与率也不高。因而破解农村金融市场融资约束的困境，必须在体系和机制上有所创新，让一些适合农村发展需要的新型金融工具发挥作用。而相对于农村的生产性支出来说，像农机购置这样相对来说的大额投资，现行的农村金融市场是很难满足的。

6.2　农户融资约束影响因素分析

从上述分析我们可以看出，调研样本中有52.3%的农户受到不同程度的约束，其中有42.56%的农户受到部分融资约束，13%的农户受到完全融资约束。本书进一步分析调研样本数据，将融资约束识别结果与农机购置需求的调研数据结合分析判断农户面临的农机购置融资约束。根据以往农户融资约束的影响因素和农户的信贷需求缺口的研究文献，结合实地调研的情况，构建相关研究模型，对农户农机投资行为的具体影响因素进行定量分析，并对各个影响因素作出相应解释。

6.2.1　模型建立与变量选取

6.2.1.1　模型设定

研究融资约束的影响因素的首要问题是如何对农户受到的融资约束进行有效衡量，而传统的对于企业资本市场上的以永久性收入理论为基础的消费敏感性测度和投资资金流的敏感性测度等融资约束测度方法对于农村金融市场因其可操作性并不适用。而对于农村金融市场的融资约束测度较为流行的测度方法就是直接调查法，即通过设计有效的调查问卷直接了解农户在过去某一段时间的融资经历和其他的有效信息来判断其受访者受到融资约束。该方法在发展的过程中得到了不断的细化和完善。除了对是否受到融资约束做分类判断以外，还根据受到融资约束的原因进一步分为各种类型的融资约束。如布格（Bouchuer，2009）按照分类的完备性和样本可观察性将农户的信贷配给分为价格配给借款者、部分数量配给、完全数量配给、价格配给的未借款者、风险配给和交易成本配给六类。有的学者直接在问卷中调查农户的信贷需求满足度、信贷满意度和信贷难易程度，并让农户就这三个指标按照一定的标准打分，以此作为农户受到的融资约束的衡量标准。有的学者通过 Heckman 广义三阶段模型测算农户意愿的信贷需求与由于受融资约束而实际所获信贷量之间的差异，以此来估算农户的信贷资金缺口并以此来衡量农户受融资约束的程度。以上研究通常采用的回归模型为 Probit 模型或者 Logit 模型，也有学者同时应用 Probit 模型和 Logit 模型对影响农户融资约束的因素进行分析，研究结论显示两种模型的回归结果基本无异。

其中 Probit 模型的具体表达形式如下：

$$P_i = F(z_i) = \Phi(z_i) = \frac{1}{\sqrt{2\pi}}\int_{-\infty}^{z_i} e^{-t^2/2}\mathrm{d}t \qquad (6-1)$$

Logit 模型的具体表达式如下：

$$P_i = F(z_i) = \Lambda(z_i) = \frac{1}{1+e^{-z_i}} = \frac{e^{z_i}}{1+e^{z_i}} \qquad (6-2)$$

式（6-1）、式（6-2）中，P_i 为发生事件的概率，$1-P_i$ 为不发生事件的概率，则 $P_i/(1-P_i)=e^{z_i}$。对式（6-1）两边取自然对数，得到一个线性函数：$Z_i=\alpha+\beta_1X_{1i}+\beta_2X_{2i}+\cdots+\beta_nX_{ni}$。

通常情况下 Probit 回归模型的回归结果与二元 Logit 模型基本保持一致。两者的区别在于连接函数对 e 的分布的设定不同，Logit 模型中，e 服从标准 Logistic 分布，而 Probit 模型中，e 服从标准正态分布。二元 Logit 回归可以计算 OR 值，OR 值代表 X 增加一个单位时，Y 的对应变化幅度，具有很好的现实意义。二元 Probit 回归模型会输出边际效应值（$\mathrm{d}y/\mathrm{d}x$），此值也可表示 X 增加一个单位时，Y 的变化幅度百分比。在实际应用中，可以择二选一应用，当然也可以同时使用进行比较分析。本书在借鉴已有研究成果选择 Logit 模型作为基础回归模型，同时在解释边际效应时参考 Probit 模型的回归结果。

就本书研究主题而言，式（6-2）中，Z_i 为被解释变量，如果 $Z_i=1$ 则表示第 i 农户受到融资约束（需求融资约束或供给融资约束）；如果 $Z_i=0$ 则

表示第 i 农户不受融资约束（不受需求融资约束或供给融资约束）。X_{1i}，…，X_{ni} 则为被解释变量，以及影响农户融资约束的各个集体因素。

6.2.1.2 变量选取

本书的被解释变量为农户是否受到融资约束（是 =1，否 =0）、是否受到需求型融资约束（是 =1，否 =0）、是否受到供给型融资约束（是 =1，否 =0）。关于解释变量的选取已有文献大部分都是从农户的家庭特征、资产情况和收入情况三个方面进行分析，也有部分学者将融资情况特征和社会资本特征加入自变量。本书借鉴已有研究成果、结合访谈与实地调查情况，将影响农户农机购置融资约束的因素归纳为户主个体特征、家庭经营状况、农户社会资本、金融认知情况、农机保有状况、地域因素六大类。具体户主个体特征包括性别、年龄、文化程度；家庭经营特征主要包括经营主体类型、经营范围、劳动力人数、经营土地规模、家庭收入状况、家庭支出情况等；金融认知情况主要用近三年借款次数和对融资渠道的了解来衡量；农户的社会资本主要用家中是否有人担任或担任过村干部来衡量；农机保有状况以家庭保有农机价值及现有农机的资金来源来衡量。另外将地域分为东、西部，通过虚拟变量作为控制变量引入模型。最后通过逐步回归最终将性别、年龄、文化程度、经营主体类型、经营范围、劳动力人数、经营土地规模、家庭收入状况、近三年借款次数、对融资渠道的了解、家中是否有人担任或担任过村干部、家庭保有农机价值、现有农机的资金来源、地域等变量作为解释变量引入模型，其中家庭支出状况和近三年借款次数与其他变量存在多重共线性故排除。具体的取值类别及定义、预期影响方向见表6－2。

表 6-2　　　　变量定义及取值描述

<table>
<tr><th colspan="2">变量类别</th><th>变量名称</th><th>代码</th><th>变量取值及定义</th><th>预期方向</th></tr>
<tr><td rowspan="3">被解释变量</td><td rowspan="3">融资约束</td><td>农户融资约束</td><td>Y</td><td>有=1；
无=0</td><td></td></tr>
<tr><td>需求型融资约束</td><td>Y_D</td><td>有=1；
无=0</td><td></td></tr>
<tr><td>供给型融资约束</td><td>Y_S</td><td>有=1；
无=0</td><td></td></tr>
<tr><td rowspan="11">解释变量</td><td rowspan="3">户主个体特征</td><td>性别</td><td>X_1</td><td>女=0；男=1</td><td>?</td></tr>
<tr><td>年龄</td><td>X_2</td><td>实际年龄取自然对数</td><td>?</td></tr>
<tr><td>文化程度</td><td>X_3</td><td>小学及以下=1；
初中=2；
高中及中专=3；
大专以上=4</td><td>-</td></tr>
<tr><td rowspan="5">家庭经营状况</td><td>经营主体类型</td><td>X_4</td><td>普通农户=0；
新型经营主体=1</td><td>+</td></tr>
<tr><td>经营范围</td><td>X_5</td><td>取涉及经营种类数</td><td>?</td></tr>
<tr><td>劳动力人数</td><td>X_6</td><td>家庭务农劳动力数</td><td>-</td></tr>
<tr><td>经营土地规模</td><td>X_7</td><td>取实际土地经营面积的自然对数</td><td>-</td></tr>
<tr><td>家庭收入水平</td><td>X_8</td><td>人均收入水平自然对数</td><td>-</td></tr>
<tr><td>金融认知能力</td><td>是否了解融资渠道</td><td>X_9</td><td>很了解取=4；
比较了解=3；
一般了解=2；
不了解=1</td><td>-</td></tr>
<tr><td rowspan="2">农机保有状况</td><td>农机保有量</td><td>X_{10}</td><td>保有农机价值自然对数</td><td>-</td></tr>
<tr><td>保有农机资金来源</td><td>X_{11}</td><td>借贷资金取1；
自有资金取0</td><td>+</td></tr>
</table>

续表

变量类别		变量名称	代码	变量取值及定义	预期方向
解释变量	农户社会资本	家中是否有人担任村级及以上干部	X_{12}	是 =1；否 =0	-
	地域因素	地域	X_{13}	东部三个盟市 =1；西部两个盟市 =0	+

（1）户主个体特征。本书纳入模型的户主个人特征主要是性别、年龄、和文化程度三个方面。从户主个人特征来看，通常情况下，性别特征对于融资约束的影响是不确定的，但相对来说女性更可能因为自身顾虑而放弃寻求融资机会。就户主年龄而言，同样是不确定的，因为随着年龄的增长，户主的融资需求和财富积累同样在增长，但是当年龄达到中老年阶段之后，获取财富的能力相对会下降，其偿债能力会越来越弱，无论是正规金融机构还是非正规金融机构都可能考虑违约风险，减少资金供给。当然年龄大的户主其自身的储蓄和资产积累增加的同时也会规避一些风险，可能会减少对融资的需求，造成需求型融资约束。另外当其财产积累丰厚的时候由于不缺乏抵押物也可能减少供给型融资约束。户主受教育程度越高，农户受到融资约束的可能性越小。就受教育程度而言，一般来说，户主文化水平越高，其了解的金融知识和融资渠道就越多，对融资手续和国家的一些金融支农政策了解越多。所以当有融资需求的时候会主动去寻求融资渠道，从而降低由自身认知导致的需求型融资约束。而对于资金供给方来说，农户的文化水平越高，认为其生产经营能力越强，其信用意识相对较强，其未来违约的风险就相对较低，所以受到供给型融资约束也小。故文化程度与整体融资约束呈负相关关系。

（2）家庭经营状况。本书纳入模型的农户家庭经营特征主要是包括经营主体类型、经营范围、劳动力人数、经营土地规模、家庭人均收入水平5

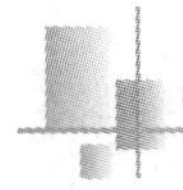

个变量。就经营主体类型而言，相比普通农户，种粮大户和合作社等新型经营主体在发展过程中资金需求更旺盛，一些正规金融机构的小额贷款一般难以满足其大规模经营的需要，因而会形成部分性供给型融资约束，而农户家庭经营范围大小与融资约束的关系不确定，一方面经营范围扩大会增加资金需求量，另一方面经营的各方面资金可以流动互补缓解融资约束。家里劳动力人数较多的因部分闲置劳动力可能会从事非农劳动取得额外的收入，故缓解融资约束。经营土地规模越大对资金的需求越大，但是目前农村金融市场对于大额资金需求难以满足，形成供给不足型融资约束，同时由于生产经营规模比较大，农业生产周期长，风险较大，正规金融机构处于风险管控，不热衷于给农业生产经营者提供大额贷款，尤其对于经营规模较大的农户容易形成供给型融资约束。对于家庭收入水平而言，当然家庭收入水平越高，受融资约束的可能性越小，但是一般高收入伴随着高投入，在生产性投资过程中也可能会面临供给型融资约束。

（3）金融认知能力。农户对金融的认知能力越强，受到融资约束的可能性越小。比如对融资渠道的了解越多，对金融机构扶持农业的相关政策越了解，获得资金的可能性就越大。同时，对金融的认知能力强的农户在融资过程中出现的偏差就越小，有助于减少需求型融资约束的发生。对于各种融资渠道的认知越强，其在作出融资决策的时候就会根据自己的需求作出最优决策，不会出现由于融资额度不足、利率过高、期限太短等导致部分供给型融资约束。

（4）农机保有情况。对于农户家庭而言，家中保有的价值相对较高的资产主要就是农业机械，这也是本书研究的重点。农户家庭农机保有量越多，价值越高，其受到融资约束的可能性越小。一般来说，金融机构审批贷款时会考虑家庭是否有耐用固定资产，即使不能做抵押物但是也能降低坏账风险。当然过高的农机保有量也会占用农户的大额资金，所以现有农业机械购置的资金来源也同样会影响融资约束情况，如果资金来源是借贷资金，对

于其他的生产性支出产生影响，进而形成新的资金需求，那再融资就会同样面临融资约束。

（5）农户社会资本。农户社会资本是指农户家庭中是否有便利的社会关系，本书以家庭成员及直系亲戚是否担任过村级及以上干部为衡量指标。相比较而言有一定社会资本的农户更容易获得相关信息，更容易破除融资过程中的障碍，受到融资约束的可能性越小。

（6）地域因素。融资约束程度也存在一定地区差异，相对于内蒙古西部地区而言，东部盟市的农业现代化、规模化经营程度更高，对于大额资金的需求量更大，所以东部区的农户所受的融资约束程度更大。

6.2.2　描述性统计与相关性分析

6.2.2.1　描述性统计分析

由表6-3的描述性分析可知：融资约束的平均值为0.52，中位数为1，说明样本整体上受存在融资约束的情况较多，同样因融资约束分为需求型融资约束和供给型融资约束两类，故平均值相对较小。从性别变量来看，被调研对象主要以男性为主。从年龄来看，平均年龄47.7岁，并且平均年龄和中位数基本一致，但其平均值超过标准差3倍以上，数据波动较大，故在回归时取自然对数处理。从表6-3可以看出：经营土地规模、家庭人均收入水平，农机保有值这三项的最大值超过平均值3个标准差，而中位数相对平均值较小，说明这3个变量的数据波动较大，这是因为样本中包含一些新型经营主体其经营规模较大导致，在回归中将对这3个变量数据做取自然对数并做缩尾处理。根据经营主体类型不同做分类回归分析。其他自变量平均值均未超过标准差的3倍以上，变量数据整体上波动不大。

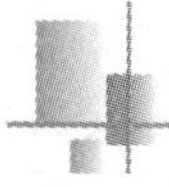

表 6－3　　变量描述性统计

名称	样本量	最小值	最大值	平均值	标准差	中位数
融资约束（Y）	592	0.000	1.000	0.520	0.500	1.000
需求型融资约束（Y_D）	592	0.000	1.000	0.215	0.411	0.000
供给型融资约束（Y_S）	592	0.000	1.000	0.306	0.461	0.000
性别（X_1）	592	0.000	1.000	0.917	0.276	1.000
年龄（X_2）	592	23.000	78.000	47.775	10.672	47.000
受教育水平（X_3）	592	1.000	4.000	2.010	0.747	2.000
经营主体类型（X_4）	592	0.000	1.000	0.556	0.497	1.000
经营范围（X_5）	592	1.000	4.000	1.660	0.750	1.000
家庭劳动力（X_6）	592	1.000	6.000	2.395	0.852	2.000
经营土地规模（X_7）	592	0.000	8.838	4.484	1.353	4.382
家庭人均收入（X_8）	592	1.805	6.771	3.696	1.281	3.656
对融资渠道的了解（X_9）	592	1.000	4.000	2.147	0.954	2.000
农机保有值（X_{10}）	592	0.000	13.591	9.409	3.497	10.003
已有农机资金来源（X_{11}）	592	0.000	1.000	0.221	0.415	0.000
是否村干部（X_{12}）	592	0.000	1.000	0.177	0.382	0.000
地域差异（X_{13}）	592	0.000	1.000	0.596	0.491	1.000

6.2.2.2　相关性分析

从表 6－4 可知，利用相关性分析初步去研究融资约束、需求融资约束、供给融资约束，分别研究与性别、年龄、受教育水平、经营主体类型、经营范围、家庭劳动力、经营土地规模、家庭人均收入、对融资渠道的了解、农机保有值、已有农机资金来源、是否村干部、地域差异共 13 项之间的相关关系，使用 Pearson 相关系数去表示相关关系的强弱情况，具体分析如下。

表6-4　　　　　　　　　　相关性分析

变量	融资约束类型	总体融资约束（Y）	需求型融资约束（Y_D）	供给型融资约束（Y_S）
户主个体特征	性别	0.031	0.008	0.026
	年龄	-0.078*	-0.010*	-0.075*
	受教育水平	-0.050*	-0.002	-0.053*
家庭经营状况	经营主体类型	0.117**	0.061	0.181***
	经营范围	0.106**	0.132**	-0.003
	家庭劳动力	-0.023*	-0.059	0.028*
	经营土地规模	0.049**	-0.077	0.122**
	家庭人均收入	0.030*	0.055**	-0.017
金融认知状况	对融资渠道的了解	0.103*	-0.054	0.159***
农机保有状况	农机保有值	0.172***	0.097*	0.101*
	已有农机资金来源	0.243***	0.148***	0.132**
农户社会资本	是否村干部	-0.076	-0.081*	-0.011
宏观地域因素	地域差异	-0.087*	-0.191***	0.075

注：*、** 和 *** 分别表示在5%、1%和0.1%水平下表现显著。

就广义农户所受融资约束而言：其与年龄、受教育水平、经营主体类型、经营范围、家庭劳动力、经营土地规模、家庭人均收入、对融资渠道的了解、农机保有值、已有农机资金来源、地域差异共11个变量之间的相关关系系数值呈现出显著性。具体而言，其中与受教育水平、经营主体类型、家庭劳动力、经营土地规模、地域差异呈显著正相关关系，与其余6项呈显著负相关关系，与农机保有情况的两个因素显著性最强，均呈现出在 $p < 0.001$ 的显著性水平，而与性别、是否村干部2项之间的相关关系数值并不会呈现出显著性，意味着融资约束整体上和性别、是否担任村干部之间并没有相关关系。

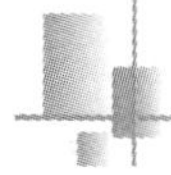

就需求型融资约束而言：其与年龄、经营范围、家庭人均收入、农机保有值、已有农机资金来源、是否村干部、地域差异共7项之间的相关关系数值呈现出显著性。其中与经营范围、家庭人均收入、农机保有值、已有农机资金来源有着显著的正相关关系，而与年龄、是否村干部、地域差异有着显著的负相关关系。所有影响因素中有农机资金来源和地域差异相关系数显著性最强，而需求型融资约束与性别、受教育水平、经营主体类型、家庭劳动力、经营土地规模、对融资渠道的了解等6个因素之间的相关关系数值并不呈现出显著性，意味着需求型融资约束与性别、受教育水平、经营主体类型、家庭劳动力、经营土地规模、对融资渠道的了解之间并没有相关关系。

就供给型融资约束而言：供给约束与年龄、受教育水平、经营主体类型、家庭劳动力、经营土地规模、对融资渠道的了解、农机保有值、已有农机资金来源共8项之间的相关关系系数值呈现出显著性。具体来看，供给型融资约束与家庭劳动力、经营土地规模、对融资渠道的了解、已有农机资金来源4个因素呈显著正相关关系，而与年龄、受教育水平、经营主体类型3个因素呈显著负相关关系。其中与经营主体类型、对融资渠道的了解之间的相关系数显著性最强，均呈现出在 $p<0.001$ 的显著性水平，但是供给型融资约束与性别、经营范围、家庭人均收入、是否村干部、地域差异这5个因素的相关性均不显著。

6.2.3 实证结果分析

将性别、年龄、受教育水平、经营主体类型、经营范围、家庭劳动力、经营土地规模、家庭人均收入、对融资渠道的了解、农机保有值、已有农机资金来源、是否村干部、地域差异共13各项因素作为自变量，而分别将融资约束、需求型融资约束和供给型融资约束作为因变量，应用SPSS 22.0统计软件进行二元Logit回归分析。通过对模型整体有效性进行分析，从模型

的似然比检验结论来看，上述模型检验的原定假设为：是否将性别、年龄、受教育水平、经营主体类型、经营范围、家庭劳动力、经营土地规模、家庭人均收入、对融资渠道的了解、农机保有值、已有农机资金来源、是否为村干部、地域差异这13个自变量纳入模型两种情况时模型质量均一样。这里的3个模型的似然比检验结果如表6－5所示，p值均为0.000，其小于0.05，因而说明拒绝原定假设，即说明本次构建模型时，放入的自变量具有有效性，本次模型构建有意义。从模型Hosmer－Lemeshow拟合度检验分析模型拟合优度情况来看，上述模型检验的原定假设为：模型拟合值和观测值的吻合程度一致。H－L拟合度检验结果如表6－5所示：p值均大于0.05，因而说明接受原定假设，即说明本次模型通过H－L检验，各模型整体拟合优度较好。

表6－5　　　　似然比检验与H－L拟合度检验结果

Logit模型	似然比检验	H－L拟合度检验结果
总体融资约束	AIC = 773.386，p = 0.000 < 0.05	Chi = 8.562，p = 0.381 > 0.05
需求型融资约束	AIC = 583.790，p = 0.000 < 0.05	Chi = 6.476，p = 0.594 > 0.05
供给型融资约束	AIC = 712.844，p = 0.000 < 0.05	Chi = 10.515，p = 0.231 > 0.05

6.2.3.1　总体融资约束影响因素回归结果分析

（1）户主个体特征。在影响农户整体融资约束的影响因素回归结果中，户主个体特征中年龄变量呈现出在10%的水平上显著，这意味着户主的年龄会对融资约束产生显著的负向影响关系，也就是说随着年龄的增大所受的融资约束会减少。按照Logit模型，优势比（OR值）为0.419，意味着年龄每增加1个单位，农户的融资约束的变化将减少的幅度为0.419倍。按照Probit模型的边际效应值为－0.212，意味着年龄变量每增加1个单位时，农户的融资约束的变化将减少的幅度为－21.2%。而受教育程度同样在

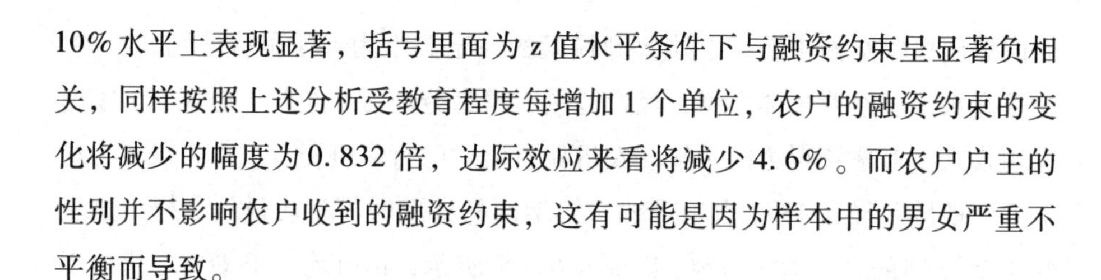

10%水平上表现显著，括号里面为z值水平条件下与融资约束呈显著负相关，同样按照上述分析受教育程度每增加1个单位，农户的融资约束的变化将减少的幅度为0.832倍，边际效应来看将减少4.6%。而农户户主的性别并不影响农户收到的融资约束，这有可能是因为样本中的男女严重不平衡而导致。

（2）家庭经营特征。在家庭经营特征中经营主体类型和家庭人均收入两个变量分别在10%和5%的水平上与融资约束呈显著负相关。这意味着这两个变量会对融资约束产生显著的负向影响关系。根据回归结果中的优势比（OR值）和边际效应值来看，新型经营主体比普通农户所受融资约束的概率少0.585倍，从边际效应来看将减少12.9%。农户的家庭人均收入每增加1个单位所受融资约束程度减少的幅度为1.073倍，边际效应来看将减少1.8%。而模型中家庭劳动力数量、农户经营范围、经营的土地规模均没有呈现出显著性，这意味着这三个方面并不会对融资约束产生影响关系。这是因为理论分析中的差异主要体现在不同的家庭经营特征的复杂性不同，比如经营土地的规模与融资约束可能呈“U”型关系。

（3）金融知识认知。关于对金融知识的认知模型主要引入农户对融资方式的了解程度，其与融资约束在5%水平上呈显著负相关，意味着金融知识认知水平会对融资约束产生负向影响。农户金融知识认知水平每提高1个单位其所受融资约束程度就会减少1.415倍，从边际效应来看将减少7.9%。这说明更高的金融认知水平将有助于提高农户融资能力进而减少融资约束。

（4）农机保有情况。回归结果表明：农机保有情况的两个变量农机保有值和农机资金来源与融资约束分别在10%和1%的水平上显著正相关，这也就意味着农户的农机保有量越多，受到的融资约束越大，而保有农机的资金来源是非自有资金的农户受的融资约束更大。分析OR值和边际效应值可以得出，农户农机保有值增加1个单位时，融资约束的增加幅度为1.058

倍，边际效用为增加1.4%；保有农机的资金来源自有资金比借贷资金的农户融资约束的增加幅度为3.151，边际效应为增加27.3%。这意味着农业机械作为高价值资产其保有量直接决定了农户的融资约束程度，同时在农机购置过程中的融资行为会加剧农户的融资约束。

(5) 农户社会资本。从回归结果来看，农户家中是否有成员担任过村级以上干部的回归系数值为-0.327，但是并没有呈现出显著性。这意味着就这一模型而言该变量并不会对融资约束产生影响。

(6) 地域差异。回归结果显示，融资约束存在显著的地区差异，该变量与因变量在1%水平上呈显著性负相关，意味着东部地区的农户相较于西部地区的农户而言受到的融资约束相对更小一点。

6.2.3.2　需求型融资约束影响因素回归结果分析

需求型融资约束影响因素模型回归结果如表6-6所示：影响农户需求型融资约束的13个因素中有7个呈显著影响，其中年龄、受教育水平、经营土地规模、对融资渠道的了解、地域差异和需求型融资约束呈显著的负向影响；经营范围、已有农机资金来源会对需求型融资约束产生显著的正向影响；性别、经营主体类型、家庭劳动力、家庭人均收入、农机保有值、是否为村干部并不会对需求融资约束产生影响。其中已有的农机资金来源和地域差异对需求型融资约束均在1%水平下显著，意味着曾经通过借贷资金购买农机的比用自有资金购买的农户受到需求型融资约束更大一些，东部地区的农户相较于西部地区的农户而言受到的需求型融资约束相对更小一点。经营土地规模对需求型融资约束的影响均在5%水平下显著负相关，说明随着土地经营规模的扩大所受的需求型融资约束越小。年龄、受教育水平、经营范围、对融资渠道的了解对需求型融资约束的影响均在10%水平下显著相关，其中经营范围为显著正相关，其余两项为显著负相关。

表6-6　　融资约束影响因素回归结果

变量名称	总体融资约束		需求型融资约束		供给型融资约束	
	Logit 系数	OR 值	Logit 系数	OR 值	Logit 系数	OR 值
性别（X_1）	0.151 (0.450)	1.163	0.121 (0.297)	1.128	0.083 (0.234)	1.087
年龄（X_2）	-0.870* (-1.969)	0.419	-0.713* (-2.322)	0.490	-0.473 (-1.036)	0.623
受教育水平（X_3）	-0.184* (-1.939)	0.832	-0.179* (-1.966)	1.196	-0.356** (-2.582)	0.701
经营主体类型（X_4）	0.537* (-2.203)	0.585	0.072 (0.244)	1.075	0.642* (-2.553)	0.526
经营范围（X_5）	0.208* (1.726)	1.062	0.316* (2.307)	0.904	-0.028 (-0.215)	1.160
家庭劳动力（X_6）	0.060 (0.499)	1.232	-0.101 (-0.663)	1.372	0.149 (1.180)	0.973
经营土地规模（X_7）	-0.046 (-0.496)	0.955	-0.115** (-2.982)	0.891	-0.029* (2.304)	1.029
家庭人均收入（X_8）	-0.071** (2.850)	1.073	0.091 (0.913)	1.095	-0.016* (2.180)	1.016
对融资方式的了解（X_9）	-0.347** (2.904)	1.415	-0.667* (-1.953)	0.513	-0.770** (3.014)	2.161
农机保有值（X_{10}）	0.056* (2.008)	1.058	0.064 (1.546)	1.067	0.027** (2.891)	1.027
已有农机资金来源（X_{11}）	1.148*** (4.835)	3.151	0.965*** (3.825)	2.624	0.365 (1.631)	1.440
是否村干部（X_{12}）	-0.327 (-1.292)	0.721	-0.422 (-1.266)	0.656	-0.060* (-2.222)	0.942
地域差异（X_{13}）	-0.647** (-3.058)	0.524	-0.992*** (-3.935)	0.371	0.074 (0.336)	1.077

续表

变量名称	总体融资约束		需求型融资约束		供给型融资约束	
	Logit 系数	OR 值	Logit 系数	OR 值	Logit 系数	OR 值
截距	3.034 (1.674)	20.786	0.592 (0.266)	1.808	0.951 (0.504)	2.588
似然比检验	$\chi^2=74.327$ p=0.000	—	$\chi^2=59.764$ p=0.000		$\chi^2=44.088$ p=0.000	
Hosmer - Lemeshow 检验	$\chi^2=8.562$ p=0.381	—	$\chi^2=6.476$ p=0.594		$\chi^2=10.515$ p=0.231	
R^2	0.157	—	0.149		0.101	

注：*、** 和 *** 分别表示在10%、5%和1%水平下表现显著，括号里面为 z 值。

6.2.3.3　供给型融资约束影响因素回归结果分析

同理，供给型融资约束影响因素回归结果如表 6 - 6 所示：回归结果影响农户需求型融资约束的 13 个因素中有 7 个呈显著影响，其中受教育水平、经营主体类型、经营土地规模、家庭人均收入、对融资渠道的了解、是否为村干部和供给型融资约束呈显著的负相关关系；农机保有值会对供给型融资约束产生显著的正向影响；性别、年龄、经营范围、家庭劳动力、已有农机资金来源、地域差异并不会对供给型融资约束产生影响。其中受教育水平、对融资渠道的了解与供给型融资约束均在 5% 水平下显著负相关，说明农户的文化程度越高，受到供给型融资约束就越少，对融资渠道的了解越多，受到的供给型融资约束越小。经营主体类型、经营土地规模、家庭人均收入、是否为村干部与供给型融资约束均在 10% 水平下显著负相关，说明种粮大户和一些新型经营主体受到的供给型融资约束要比小农户小，经营的土地规模越大受到的供给型融资约束越小，农户家庭的收入水平越高受到的供给型融资约束越小，而家里有人担任过村级以上干部的农户受到的供给型约束相对较小。

6.3 农户融资约束程度测算

以上分析仅对于农户农机投资过程中所受的融资约束进行了分类定性判断，而现实中在农机购置过程中没有进行融资的或者已经获得融资的农户就并不意味着没有受到融资约束，在此我们构建融资约束测算模型测算农户期望贷款额，再与农户的实际融资额比较，定量计算出不同收入农户的融资缺口，以此来衡量部分农户的融资约束程度。

6.3.1 模型构建

本书借鉴已有文献（何明生等，2008；曹瓅等，2015）的研究范式，将农户受到的融资约束的估计过程分解为三步。第一步，构建 Probit 选择模型，考察用各因素对农户融资需求和融资约束的影响，预测存在融资约束的概率，同时利用 Probit 模型进行估计构造逆米尔斯比率（Inverse Mills ratio）；第二步，将逆米尔斯比率作为解释变量添加到意愿模型中，使用 OLS 进行估计；第三步，求出农户潜在信贷需求量的平均值与实际信贷量的平均值的差额，即受到融资约束农户的信贷需求缺口。Heckman 三阶段模型具体的表达形式如下：

$$Y_i^* = \beta_1 X_{1i} + \varepsilon_{1i} \tag{6-3}$$

$$x_i = \beta_2 X_{2i} + \varepsilon_{2i}，\text{并且 } \alpha_i = \begin{cases} 1 & if \quad x_i > 0 \\ 0 & if \quad x_i \leqslant 0 \end{cases} \tag{6-4}$$

$$z_i = \beta_3 X_{3i} + \varepsilon_{3i.}，\text{并且 } \gamma_i = \begin{cases} 1 & if \quad z_i > 0 \\ 0 & if \quad z_i \geqslant 0 \end{cases} \tag{6-5}$$

其中，式（6-3）表示的是农户的信贷需求意愿方程，其中 Y_i^* 表示农户信贷需求，由申请贷款且不受融资约束的农户观测数据所得；X_{1i}是表示研究主题中设计的影响农户信贷需求的具体影响因素，本书设计中主要包括

农户户主特征、家庭特征、家庭经营状况、农户社会资本、农机保有量等因素。式（6-4）和式（6-5）分别用来衡量农户贷款可得性和融资约束情况，X_{2i}、X_{3i}表示影响农户申请贷款和融资约束的各种自变量；x_i 和 z_i 分别表示与 X_{2i}和 X_{3i}相关的潜在不可观测因子；α_i 和 γ_i 分别为式（6-4）和式（6-5）各自潜在不可观测因子的虚拟变量，表示农户能否获得贷款和是否受到产权抵押融资约束。式（6-3）、式（6-4）和式（6-5）构成了本书经验模型的基本结构。其中，对式（6-4）和式（6-5）两个 Probit 结构模型的估计不仅分别能够得到农户从获得贷款以及受到融资约束的概率分布，而且在其回归结果中能够构造出用于纠正式（6-3）中样本有偏估计问题的选择性条件，即逆米尔斯比率。运用 Probit 模型分别估计农户融资可得性及融资约束的概率，得出各模型的逆米尔斯比率序列，将该序列作为误差修正项加入到式（6-3）的回归估计中，测算出农户期望贷款额，再与实际融资额比较，定量计算出已经获得融资的农户的融资缺口，即可相对准确地计算出农户受到的融资约束程度。

6.3.2　变量选取

6.3.2.1　被解释变量

本书设计中包括三个被解释变量。如表6-7所示，模型（1）中的被解释变量农户信贷需求用调研农户参与融资实际获得资金额表示；模型（2）中的被解释变量农户融资的可得性用农户融资是否获得资金来表示，获得为1，未获得为0；模型（3）中的被解释变量农户是否受融资约束用上述分析的二分类指标表示，受融资约束取值1，不受融资约束取值为0。

6.3.2.2　解释变量

本书设计中的解释变量依然延续以上关于农户融资约束影响因素的分

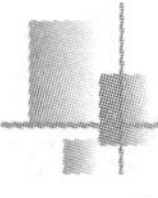

析，具体包括农户户主特征、家庭经营状况、金融认知情况、农机保有量、农户社会资本、地域差异等因素。此外，模型（1）中加入由模型（2）和模型（3）回归的回归结果中能够构造出的逆米尔斯比率 imr_2 和 imr_3 作为新的解释变量，能够克服农户融资可得性和农户是否受融资约束回归模型样本选择性偏差问题，Heckman 三阶段模型可以更为细致地分析农户农机投资所受的融资约束程度，但是从模型有效识别的角度，Heckman 两阶段模型要求样本选择模型（2）和模型（3）中至少包括一个排他性变量，即至少有一个解释变量不出现在影响模型（1）中。按照这一要求，本书在对农户融资需求模型（1）回归时剔除了变量家庭劳动力数。

6.3.3 实证结果分析

基于上述实地调研数据，本部分借助 STATA 16.0 软件，同时运用 Probit 模型和 OLS 模型对模型（2）、模型（3）和模型（1）进行回归分析，实证检验农户融资可得性和农户是否受融资约束的影响因素进而测度不同经营类型主体农机购置受到的融资约束程度及差异。具体的回归结果如表 6－7 所示。

表 6－7　融资约束程度 Heckman 三阶段模型回归结果

变量名称	农户融资可得性 模型（2）		农户是否受融资约束 模型（3）		农户融资需求 模型（1）
	回归系数	边际效应	回归系数	边际效应	回归系数
性别（X_1）	0.187 (0.86)	0.058 (0.86)	0.116 (0.58)	0.042 (0.58)	2.499* (1.70)
年龄（X_2）	－1.046*** (－3.48)	－0.324 (－3.60)	－0.533** (－1.98)	－0.192 (－2.00)	－12.92*** (－4.19)
受教育水平（X_3）	－0.0472 (－0.56)	－0.015 (－0.56)	－0.115* (－2.47)	－0.041 (－1.48)	－3.551*** (－2.83)

续表

变量名称	农户融资可得性模型（2）		农户是否受融资约束模型（3）		农户融资需求模型（1）
	回归系数	边际效应	回归系数	边际效应	回归系数
经营主体类型（X_4）	0.358 ** （-2.26）	-0.111 （-2.28）	0.324 ** （-2.18）	-0.117 （-2.21）	8.065 *** （-2.91）
经营范围（X_5）	0.282 *** （3.51）	0.088 （3.62）	0.125 * （1.71）	0.045 （1.72）	2.535 *** （2.98）
家庭劳动力（X_6）	0.0909 （1.15）	0.028 （1.16）	0.0385 （0.52）	0.014 （0.52）	—
经营土地规模（X_7）	0.0947 （1.54）	0.029 （1.55）	-0.0306 （-0.55）	-0.011 （-0.55）	0.0593 （0.08）
家庭人均收入（X_8）	0.0818 （1.50）	0.025 （1.51）	-0.0454 ** （1.89）	-0.016 （1.89）	1.206 *** （2.90）
对融资渠道的了解（X_9）	0.384 ** （2.10）	0.119 （2.12）	-0.198 ** （2.23）	0.071 （1.24）	3.724 ** （2.44）
农机保有值（X_{10}）	0.0296 * （1.69）	0.009 （1.70）	0.0345 ** （2.05）	0.012 （2.07）	1.538 *** （4.15）
已有农机资金来源（X_{11}）	-1.106 *** （6.37）	0.343 （7.04）	0.685 *** （4.89）	0.247 （5.19）	16.67 *** （3.49）
是否村干部（X_{12}）	-0.115 （-0.70）	-0.036 （-0.70）	-0.193 （-1.25）	-0.070 （-1.26）	-3.947 * （-1.77）
地域差异（X_{13}）	-0.548 *** （-3.94）	-0.170 （-4.10）	-0.379 *** （-2.97）	-0.137 （-3.03）	-8.053 *** （-2.80）
imr_2					-16.89 ** （-2.16）
imr_3					64.38 *** （3.17）
_cons	2.888 ** （2.38）		1.833 * （1.66）		

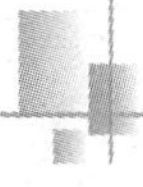

续表

变量名称	农户融资可得性模型（2）		农户是否受融资约束模型（3）		农户融资需求模型（1）
	回归系数	边际效应	回归系数	边际效应	回归系数
N	592		592		292
R^2	0.472		0.413		0.597

注：*、** 和 *** 分别表示在 10%、5% 和 1% 水平上表现显著，括号里面为 *t* statistics。

从农户融资可得性影响因素回归结果来看：（1）农户的经营范围、对融资渠道的了解、农机保有值与农户贷款可得性呈显著正相关。具体而言，农户的经营范围越广，生产类型多样化，其收入渠道广泛，更易接受新事物，相应的偿债能力更强，对于金融机构来说坏账风险越小，因而更易获得贷款；而对融资渠道了解得越多，金融知识认知水平越高，其可以通过多渠道筹措所需要的资金，可以缓解完全融资约束，特别是对单渠道融资额不足的部分融资约束有很大的缓解效应；而在此特别强调农户的农机保有量多少直接影响农户融资的可得性，因为拥有农业机械特别是大型农业机械是代表一个农户家庭财富的重要体现，即使不做抵押物，也可以作为还款的基本保障，所以更容易进行融资。（2）户主年龄、经营主体类型、已有农机资金来源、地域差异与农户融资可得性呈显著负相关。具体而言，随着年龄的增长，大部分农户的财富积累会达到一定程度，所以融资需求整体越来越小，但是当部分需要融资的农户融资时会被认为是经营不善，对其偿债能力存在一定疑虑，故融资可得性较差，但是也有学者认为其年龄与融资约束不成严格线性关系，可能是倒“U”型关系。对于保有农机的资金来源渠道是自有资金的农户，其更容易获得融资，而如果现有的农机资金来源就是借贷资金进行再融资的话，融资的可得性就会受限，而地域差异体现的调研地区东西部农户在融资过程中存在显著差异，东部地区取得融资可得性更高。

农户融资约束影响因素回归结果基本和上节 Logit 模型回归结果一致：经营范围、农机保有值、已有农机资金来源与农户是否受融资约束呈显著正相关，而年龄、受教育水平、经营主体类型、家庭人均收入、对融资渠道的了解、地域差异6个因素与农户是否受融资约束呈显著负相关。

通过 Heckman 三阶段模型的自动识别，样本中共有292个样本纳入农户融资需求影响因素回归模型中，从农户融资需求影响因素的回归结果来看：性别、经营范围、家庭人均收入、对融资渠道的了解、农机保有值、已有农机资金来源6个因素与农户的融资需求呈显著正相关，而年龄、受教育水平、经营主体类型、是否村干部、地域差异5个因素与农户的融资需求呈显著负相关。具体而言，男性相对来说比女性的融资需求更大，经营范围广的农户融资需求更大，而家庭收入比较高的融资需求更大的结论不符合常识，但是调研中也发现一般高收入农户也伴随着高支出，在特定时期的融资需求也可能增加，而对融资渠道了解的农户融资需求更大，也可能因为需求大所以更关注金融认知。农机保有值和已有农机资金来源与农户的融资需求呈显著正相关恰恰说明了农业机械作为高价值资产持有会占用大量自有资金从而产生融资需求。而年龄越大融资需求越小也符合现实，受教育水平越高其自有资金能力越强，因为融资需求相对越少，而普通农户、种粮大户等新型经营主体的融资需求相对较少，拥有一定社会资本的农户一般不存在资金困难所以融资需求较少。融资需求也同样存在地域差异。

6.3.4 融资约束程度估算

上述通过对农户融资可得性和是否受融资约束的两个模型（2）和模型（3）概率估计，得出误差修正项即逆米尔斯比率 imr_2、imr_3 序列将误差修正项代入农户融资需求的 OLS 回归方程，形成如下新的模型：

$$Y_i^* = \beta_i X_i + \lambda_1 \cdot imr_2 + \lambda_2 \cdot imr_3 + \varepsilon_{1i} \tag{6-6}$$

具体的回归结果见表6-7，其中 $\lambda_1 = -16.89$，$\lambda_2 = 64.38$，根据回归

结构构建方程计算出农户期望贷款额并与实际融资额比较，计算两者之差，得出样本农户的融资缺口，即从定量的角度衡量农户受的融资约束程度。通过计算可知，纳入 OLS 回归的 292 个样本中有 180 户存在融资缺口，其户均实际融资额为 30954 元，测算的意愿融资额为 56986 元，平均融资缺口为 26032 元，具体分类估测结果如表 6－8 所示，也就意味着名义上获得意愿融资额度的农户由于受融资约束实际上还是存在一定的融资缺口的。

表 6－8　　农户融资需求的估计测算结果

样本类型	实际融资额（元）	估测融资意愿额（元）	融资缺口金额（元）	资金缺口比
普通农户	31849	60488	28639	47.35%
种粮大户	24998	45414	20416	44.96%
新型经营主体	59697	109249	49552	45.36%
总体	30954	56986	26032	45.68%

注：融资缺口比 =（期望贷款额 － 实际融资额）/期望融资额。

进一步分析发现存在融资缺口的 180 户农户中普通农户为 80 户，户均实际融资额为 3.1849 万元，测算意愿融资额 6.0488 万元，平均融资缺口为 2.8639 万元；种粮大户 84 户，户均实际融资 2.4998 万元，意愿融资额 4.5414 万元，融资缺口为 2.0416 万元；家庭农场等新型经营主体占 16 户，户均实际融资额为 5.9697 万元，测算意愿融资额为 10.9249 万元，平均融资缺口 4.9552 万元。由此可见，只要存在融资约束就能及时在融资过程当中获得资金，但是实际获得的资金也有可能不是意愿融资额，这是由于部分融资约束形成了资金缺口。各类型农户在农机购置过程中所受的融资约束差距不大，但相对来说普通的小农户的资金缺口相对较大。

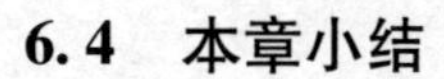

6.4　本章小结

本章一方面通过对已有文献的归纳分析提出在农户融资约束的识别机制上，应用该机制对调研样本农户是否受到融资约束以及所受到的融资约束类型进行识别，将融资约束区分为需求型融资约束和供给型融资约束。在此基础上构建了受访者融资约束影响因素的理论研究框架，基于农机金融相关实地调研数据，分别从统计上和实证上分析了受访者的不同特征对其所受的不同的融资约束的影响，实证分析中本章运用 Tobit 模型分析影响融资约束的具体因素并在影响因素中引入农户农机保有量及农机购置方式的变量。实证分析结果表明：年龄、受教育水平、经营主体类型、经营范围、家庭人均收入、对融资方式的了解、农机保有值、已有农机资金来源、地域差异对农户总体融资约束有显著影响；而不同的因素对于需求型融资约束和供给型融资约束影响的显著性水平和方向存在一定差异。另一方面，应用 Heckman 三阶段模型对农户的融资需求的资金缺口进行了测算，再次证明即使实际上得到了融资金额也同样可能存在一定的融资约束进而导致实际获得的资金并不能满足农户农机投资的资金需求。

第7章

融资约束对农户农机购置行为的影响研究

农业机械化水平是一个地区农业现代化发展程度的重要标志，影响农业机械化水平的因素不仅有区域农业自然禀赋条件，还有农户对于农机投资的认知和主观意愿，具体就表现在农户的农机投资决策行为上。随着农村经济的发展，农业生产的规模化经营和专业化程度的提高，农户生产性固定资产逐年增加，农业的机械化程度会越来越高，农机投资需求会越来越旺盛。而农户需要根据个人情况作出合理的农机透支决策，以期实现生产经营收益的最大化。现实中影响农户农机投资行为的因素有很多，既有农牧户个人家庭特征影响，又受家庭的生产经营状况的影响，还有地域特征及宏观经济政策等因素影响。而农业机械作为生产性固定资产是农户较大的投资之一，从事农业生产经营的农户自有资本往往不足以负担农业机械购置中所需的高投入成本，因而农户在农机投资过程中难免会受到各种融资约束的影响。本章将从农户的农机购买意愿以及购买农机量两个方面分析影响其投资决策的因素，重点结合上一章的研究内容研究融资约束对于农户农机投资行为的影响，为下一步分析农机融资租赁业务开展缓解农机投资融资约束奠定理论基础。

7.1 理论分析与模型设定

7.1.1 理论分析与研究假设

农户的投资行为机制是由投资动机、投资环境刺激、投资内部约束和投资决策过程等部分构成的一个完整的统一体。现有文献关于农户投资行为影响因素的研究主要集中在政府政策和行为干预、农户个体特征以及农户的家庭经济状况三个方面。现有文献中广泛关注农户的收入水平对农机投资行为的影响，农户的收入水平决定其自有流动资金量。而从事农业生产的农户家庭自有资金往往不足以支撑规模化经营过程中的生产性投资，在自有资金不足的情况下农户通常会考虑通过各种渠道融资，但是现行的农村金融市场依然无法满足农户生产性投资需求。农户的家庭财富水平和家庭收入水平越低，其生产性投资受到融资约束的概率越高。农机投资作为农户生产性固定透支的一项高额支出，一般的农户自有资本无法满足一时的农机购置需求，若农户自身家庭资本流动性存在约束，农户农机投资的潜在成本将受外部借贷约束程度的影响，因而会影响其农机购置行为。虽然现行的补贴政策中，农机补贴较其他补贴额度更大，农户仍然面临农机投资的高额成本问题。因此，现实中的融资约束是影响农户农机购置行为的重要因素。当农户受到正规金融机构融资约束，自有资金不足的农户的农机购置行为就会受到影响。当这种借贷约束迫使通过其他渠道获得资金的边际成本增加量恰好大于增加农业机械化经营带来的边际报酬时，农户就会放弃农机购置。因而，融资约束会对农户的农机购置意愿产生抑制效应。基于上述分析本书提出如下假设：

假设：融资约束会抑制农户购置农机的意愿和购置规模。

现有关于农户农机投资行为的研究大部分都集中在农机投资和购买意愿的影响因素方面，对于农户农机的投资行为或者购买意愿的衡量主要是进行

定类衡量，其中大部分研究以有无、是否等二元定类模型为主，或者有序多元的定类模型；有的学者使用农机购置数据连续变量作为被解释变量进行研究。也有学者两者皆用，既研究是否意愿又研究具体的购置量的影响因素。而关于影响因素的研究已有文献大部分是从个体特征、家庭经营和社会经济政策等方面去分析。

（1）就户主个体特征而言，户主年龄是决定农户是否购置大型农机的重要因素。相对年轻的农户更愿意自己操作机械，所以农机购置需求相对越大；户主的受教育程度越高，农业机械购置意愿越强烈；而受过农业技术专业培训的农户因为掌握更多的机械操作技能更倾向于农机投资。

（2）就家庭经营特征而言，家庭的收入水平对于农户农机投资行为的影响最大，因为农机购置对资金投资额要求相对较高，高收入家庭受到的资金约束相对较小。而家庭人口规模、劳动力数量、非农业劳动力也是影响农户农机投资的主要因素，务农劳动力少而土地规模较大的农户农机购置意愿更强。另外就是家庭土地经营规模，土地规模化经营是农业机械化发展的前提，所以经营的土地规模越大，农机购置意愿越强、规模越大。但是有学者认为土地经营规模与农户农机购置需求之间存在倒“U”型关系，即经营规模扩大初期农户农机购置意愿会增强，但当经营规模超过某一临界值，农户就会放弃自购农机而选择购买农机服务。经营土地的细碎化程度也会影响农户的购机行为。

（3）就社会经济政策方面而言，国家农机购置补贴政策对于农户农机购置意愿和规模的影响是不言而喻的，农机购置补贴政策催生了我国农业机械化发展的“黄金十年”。除此以外政府的价格支持、税收、利率补贴、能源价格等社会经济宏观因素会影响农户农机购置意愿和选择偏好。

除上述各基本的影响因素之外，现有研究还从不同的视角对农机购置行为的影响因素进行了探讨。有的学者从农机供给的角度进行了分析，认为农机类型结构、价格水平、购机成本和预期收益、农机作业服务价格等因素会

影响农户的农机购置决策；也有学者基于交易成本的视角研究发现乡村道路硬化程度、通信设备普及程度同样会正向影响农户对农机投资的意愿，而现有农业机械保有量和使用年限、农作物的异质性、距离集镇远近，甚至是农户对购买农机的各种主观感知都会对农户的农机购置意愿产生影响。

7.1.2　模型设定

已有文献研究农户的购买行为和参与意愿的影响因素的研究中普遍采用Logit和probit二值模型进行参数估计分析。结合研究主题并参考已有文献将对农机购置意愿和预期农机购置资金需求额的影响因素回归模型进行设备识别选择。

（1）对于“是否有农机投资意愿”的选择，由于其只取0和1两个值定类变量，因此，被解释变量是一种离散型随机变量，故本书选择二元Logit模型来分析影响农户投资意愿的因素。在不同的模型中，农户农机投资行为可以概括为：

Logit模型的具体表达式如下：

$$P_i = F(z_i) = \Lambda(z_i) = \frac{1}{1+e^{-z_i}} = \frac{e^{z_i}}{1+e^{z_i}} \tag{7-1}$$

式（7-1）中，P_i为发生事件的概率，$1-P_i$为不发生事件的概率，则$P_i/(1-P_i)=e^{z_i}$。对式（7-1）两边取自然对数，得到一个线性函数：$\ln\frac{P_i}{1-P_i}=z_i=a+bx_i$

将Y_1即“是否接受农机融资租赁”作为被解释变量，以各影响因素为因变量，建立二值Logit模型如下：

$$\text{Logit}: Y_i = \beta_0 + \beta_1 R + \beta_2 X_1 + \cdots + \beta_{n+1} X_n \tag{7-2}$$

（2）对于农户预期农机投资规模的研究中，由于样本中存在一部分没有农机购置意愿的农户，其投资额统一为0，所以样本的被解释变量是包括了0投资和正值投资的可观察受限制的连续变量，所以选择受限制的连续变

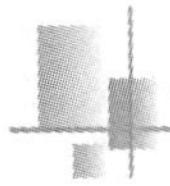

量 Tobit 模型进行回归。

Tobit 模型的具体表达式如下：

$$Y^* = \beta_i X_i + u_i, \begin{cases} Y_i^* = Y_i, \ if \quad Y_i^* > 0 \\ Y_i^* = 0, \ if \quad Y_i^* \leqslant 0 \end{cases} \tag{7-3}$$

式（7－3）中，Y^* 是潜在因变量，当因变量大于 0 时被观察到，取值为 Y，小于等于 0 时在 0 处截尾，X_i 是自变量向量，β_i 是系数向量，u_i 误差项独立且服从正态分布 $u_i \sim N(0, \sigma^2)$，该模型也可以作如下简化表达：$Y = \max(0, \beta' X_i + u_i)$。

将 Y_2 即“预期农机购置金额”作为被解释变量，以各影响因素为因变量，建立 Tobit 模型如下：

$$\text{Tobit}: Y_i = \beta_0 + \beta_1 R + \beta_2 X_1 + \cdots + \beta_{n+1} X_n \tag{7-4}$$

7.2 数据来源与变量选取

7.2.1 数据来源

该部分研究数据来源于前面所提及“内蒙古农业现代化与农村金融发展”课题组开展的“农户农机购置及农机融资租赁参与意愿”实地调研，在问卷设计初充分考虑了研究数据需要。具体调研情况见第 4 章介绍。

7.2.2 变量选取

通过上述理论分析可知关于农机投资行为的影响因素主要分为基于农户个体家庭的微观层面和基于国家经济政策的宏观层面进行了研究。从微观层面来看，主要研究个体及家庭禀赋特征和家庭经营状况对农机购置需求的影响，从宏观层面来看，主要研究了农业基础设施、各种补贴政策等因素的影响。本书借鉴已有研究成果，结合访谈与实地调查情况，确定变量如表 7－1 所示。

表7-1　　　　　　　　　变量定义及特征描述

变量类别		变量名称	代码	变量取值及定义	预期方向
被解释变量	农户农机购置行为	农机购置意愿	Y_1	有=1； 无=0	
		农机购置规模	Y_2	预期农机购置资金额自然对数	
解释变量	融资约束	总体融资约束	R	受融资约束取1；否则为0	-
		需求型融资约束	R_D	受融资约束取1；否则为0	-
		供给型融资约束	R_S	受融资约束取1；否则为0	-
控制变量	户主个体特征	性别	X_1	女=0；男=1	+
		年龄	X_2	按照受访者实际年龄取自然对数	-
		文化程度	X_3	小学及以下=1； 初中=2； 高中及中专=3； 大专以上=4	+
		专业培训经历	X_4	是=1；否=0	+
	家庭经营状况	经营主体类型	X_5	普通农户=1； 种粮大户=2； 新型经营主体=3	+
		家庭劳动力数	X_6	家庭劳动力数	-
		非农就业人数	X_7	家庭非农劳动力数/家庭劳动力数	+
		经营土地规模	X_8	经营土地面积自然对数	+
		家庭收入水平	X_9	家庭纯收入自然对数	+
		保有农机价值	X_{10}	保有的农机价值得对数	?
	政府补贴政策	获得农业补贴	X_{11}	获得过取1； 未获得过取0	+
	宏观地域因素	地域差异	X_{12}	东部三个盟市=1； 西部两个盟市=0	+

7.2.2.1 被解释变量

以“是否有农机投资意愿”和“意向农机投资金额”表示农户的农机

投资行为选择。其中是否有农机购置意愿为调查问卷中设计问题“未来2年内是否有农机购置需求”，回答是的取值为1，回答否的取值为0，以此表示变量“农户农机投资意愿”。对于有购置需求的农户请填列具体的需求的农机种类、品牌、数量、价格等信息，由于每个农户需求各不相同，所以选择意向购置农机金额连续变量作为一个被解释变量，以此代表“农户农机投资规模”。

根据调研数据分析可知，有效样本中未来两年有农机购买意愿的有295户，占比49.83%。从295户有购机意愿的资金需求来看：5万元及以下的有119户，占比40.34%，5万~10万元的45户，占比15.25%；10万~20万元的62户，占比21.02%；20万元以上资金需求的农户69户，占比23.39%。所以说农户的购机资金需求以10万元以下的小额资金需求为主，而大额资金需求的主要是一些特殊的新型经营主体（见表7-2）。

表7-2　　　　农户农机购买意愿和数量频数分析结果

名称	选项	频数（户）	百分比（%）	累积百分比（%）
农户农机投资意愿	无购买意愿	297	50.17	50.17
	有购买意愿	295	49.83	100.00
合计		592	100.0	100.0
农户农机投资规模	5万元及以下	119	40.34	40.34
	5万~10万元	45	15.25	55.59
	10万~20万元	62	21.02	76.61
	20万~50万元	49	16.61	93.22
	50万元以上	20	6.78	100.00
合计		295	100.00	100.00

资料来源：根据调研数据整理所得。

不同的经营主体类型，都有一定的农机投资意愿，但是投资意愿存在一

定差异性。其中普通农户有投资意愿的仅占43.29%，而种植大户有投资意愿的占56.93%，而经营规模相对较大的新型经营主体的农机投资意愿更强，占比64.41%。从投资金额上来看不同主体存在一定差异性，普通农户的投资需求主要以10万元及以下的小型农机为主，占比76.06%，而种植大户和新型经营主体的意愿农机投资额相对较大，10万元以上的占比分别为58.26%和78.95%（见表7-3）。

表7-3　不同经营主体类型农机购置行为描述

名称	选项	频数（户）	百分比（%）	累积百分比（%）
普通农户农机购买意愿	无购买意愿	186	56.71	56.71
	有购买意愿	142	43.29	100.00
种植大户农机购买意愿	无购买意愿	87	43.07	43.07
	有购买意愿	115	56.93	100.00
新型经营主体农机购买意愿	无购买意愿	21	35.59	35.59
	有购买意愿	38	64.41	100.00
合计		592		
普通农户农机购买金额	10万元及以下	108	76.06	76.06
	10万元以上	34	23.94	100.00
种植大户农机购买金额	10万元及以下	48	41.74	41.74
	10万元以上	67	58.26	100.00
新型经营主体农机购买金额	10万元及以下	8	21.05	21.05
	10万元以上	30	78.95	100.00
合计		295		

7.2.2.2　解释变量

本书结合研究主题将农户是否受融资约束作为主要解释变量，另参考已

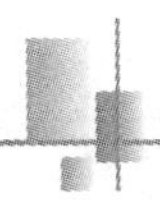

有文献将户主个体特征、家庭经营状况、政府支持政策、地域因素四大类具体影响因素作为控制变量，通过逐步回归剔除部分不显著变量，最终确定纳入模型12个变量，具体包括农户性别、年龄、文化程度、是否接受过专业农机培训、经营主体类型、劳动力人数、非农劳动力比例、经营土地规模、家庭收入水平、农机保有情况、是否获得政府补贴、地域差异。选择引入模型的被解释变量和解释变量的定义、取值类别及预期影响方向如表7－1所示。

（1）融资约束。解释变量中是否受融资约束（供给型融资约束、需求型融资约束）作为主要解释变量是本书研究的重点。根据第6章农户融资约束识别机制识别结果，将识别结果作为虚拟变量引入模型，分析不同融资约束状况下的农户农机购买行为。农机投资作为农户生产性支出最主要的投资之一，家庭自有资金又无法满足其扩大农业生产规模及农机购置的需求，而从事农业生产的农户，由于各种原因形成的融资约束会抑制农户农机长期投资意愿。因此，正规金融借贷约束会抑制农户投资意愿。根据第5章的融资约束识别机制发现：592户调研样本中存在总体融资约束的有308户，占比52.03%，其中有127户主要存在需求型融资约束，占比21.45%，而其余181户主要存在供给型融资约束，占比30.57%（见表7－4）。

表7－4　　解释变量频数分析结果

名称	选项	频数（户）	百分比（%）	累积百分比（%）
总体融资约束	不存在	284	47.97	47.97
	存在	308	52.03	100.00
需求型融资约束	不存在	465	78.55	78.55
	存在	127	21.45	100.00
供给型融资约束	不存在	411	69.43	69.43
	存在	181	30.57	100.00
合计		592	100.0	100.0

（2）户主个人特征。通常情况下，男性更倾向于操作和使用农业机械，因而其农机购置意愿更强，调研样本中户主大多数为男性，占比达到91.72%。而相对年长的农户来说，年轻人对于农业生产的投资会相对增加，随着年龄的增长，生产相对稳定，所以新增农机的需求不大。调研样本中18～44岁的青壮年占比40.88%；45～59岁的中年从业者占比46.28%；而60岁以上的有76户，占比12.84%。从户主文化程度来看，文化程度越高，对农业机械的需求相对越强，除了生产需要，可能还包括对外服务需求。目前来看，农村从业人口的文化程度整体偏低，调研样本中初中以下文化水平的占比高达79.05%，而拥有大专以上文凭的仅有22户，占比3.72%，其基本都是新型经营主体类型。接受专业的农业技术培训的农户接触科技人员或者先进理念和技术的机会更多，农机购置愿望更强。但是目前农村的农业生产技术推广还不够，仅有215户参与过农业技术培训，其中参与农机培训的更少（见表7－5）。

表7－5　　农户个体特征频数分析

名称	选项	频数（户）	百分比（%）	累积百分比（%）
性别	女	49	8.28	8.28
	男	543	91.72	100.00
年龄	18～44岁	242	40.88	40.88
	45～59岁	274	46.28	87.16
	60岁以上	76	12.84	100.00
文化程度	小学及以下	140	23.65	23.65
	初中	328	55.41	79.05
	高中及中专	102	17.23	96.28
	大专以上	22	3.72	100.00
专业培训经历	无	377	63.68	63.68
	有	215	36.32	100.00

（3）家庭经营特征。调研样本中普通农户占比最高，有55.97%；种粮大户203户，占比34.29%；新型经营主体仅有60户，占比10.14%。相比普通农户，新型经营主体的农机购置意愿更强，这是因为新型经营主体涉农的一般经营规模较大，农机需求旺盛，而家庭劳动力数以2人为主，2人及以下占比达71.45%。家庭中劳动力的多寡将决定农机购置意愿，劳动力充裕的家庭农机的购置意愿不强，但是如果家中非农劳动力占比较大则更愿意进行农机投资。从农户经营的土地规模来看，大部分农户还是以小规模经营为主，100亩以下的样本占比65.37%，而经营规模达500亩以上的农户仅有40余户，主要以东部呼伦贝尔地区的家庭农场为主。农户土地经营规模越大，农机投资意愿越大，因为农机服务成本较高，购置农机可以达到规模效应，除了自用还可以给别人提供农机服务增加收入，降低生产经营成本。而从家庭收入水平来看，整体的毛收入水平较高，但是高收入伴随着更高的生产支出，部分农户入不敷出，有近10%的农户农业生产经营出现亏损。家庭收入水平越高，农户的生产性固定资产投资水平越高，农机购置意愿相对越大。农户现有的农机保有量将决定其是否有农机购置需求，从农户农机保有水平的价值上来看主要以5万元以下的小型农机为主，占比高达57.43%，而保有20万元以上农机的农户仅占13.85%。一般在没有追加投资或者更新需求的情况下应该是负相关，但是农机购置需求分为新增和更新两类，如果是更新需求也就可能是正相关（见表7－6）。

表7－6　　　　农户家庭经营特征频数分析

名称	选项	频数（户）	百分比（%）	累积百分比（%）
经营主体类型	普通农户	329	55.57	55.57
	种粮大户	203	34.29	89.86
	新型经营主体	60	10.14	100.00

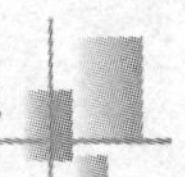

续表

名称	选项	频数（户）	百分比（%）	累积百分比（%）
家庭劳动力数	2人以下	423	71.45	71.45
	3人	91	15.37	86.82
	4人以上	78	13.18	100.00
经营土地面积	100亩及以下	387	65.37	65.37
	100~500亩	162	27.36	92.74
	500~1000亩	7	1.18	93.92
	1000亩以上	36	6.08	100.00
家庭收入水平	5万元以下	258	43.58	43.58
	5万~10万元	136	22.97	66.55
	10万~20万元	105	17.74	84.29
	20万元以上	93	15.71	100.00
保有农机价值	无农机	63	10.64	10.64
	5万元及以下	340	57.43	68.07
	5万~10万元	71	11.99	80.07
	10万~20万元	36	6.08	86.15
	20万元以上	82	13.85	100.00
合计		592		100.00

（4）政府补贴政策。从调研数据来看，大部分农户都获得过农业生产性补贴，占比高达94.76%。但是大部分以粮食种植补贴和良种补贴为主，而其中获得农机购置补贴的仅有37户，比例相对较低。就政府政策支持影响而言，如果家庭曾经享受过农业生产补贴，特别是农机购置补贴等政府的相关支农补贴，越了解农机购置补贴政策，购置农机的愿意可能更强。而农业机械化程度的地区差异很多，农机的使用类型也存在很大异质性（见表7-7）。

（5）区域差异。调研样本中东部地区占56.08%，西部地区两个盟市样本占比43.92%。相对于内蒙古西部地区而言，东部盟市的农业现代化、规模化经营程度更高，所以东部的大型农业机械需求更大，东部地区的农牧户农机购置意愿更强（见表7-7）。

表7-7　　　　农业政策补贴和地域差异频数分析

名称	选项	频数（户）	百分比（%）	累积百分比（%）
获得农业补贴	未获得	31	5.24	5.24
	获得	561	94.76	100
地域差异	东部地区	332	56.08	56.08
	西部地区	260	43.92	100.00
合计		592	100.0	100.0

7.3　实证结果分析

表7-8为回归样本原始数据的描述性统计结果。从因变量的均值来看，农机投资意愿的平均值为0.498，说明有近一半的调研农户有农机投资意愿，而预期农机投资金额的最大值和最小值之间差异相对较大，最大值超过平均值3个标准差以上，说明数据波动较大，不同农户的农机投资金额差距较大。解释变量中，融资约束衡量指标、受教育水平、经营主体类型、家庭劳动力数、地域差异等因素相对比较平稳，而年龄和非农劳动力两个变量的平均值不够平稳，这是因为调研中发现调研对象户主以男性为主，而目前农村从事非农就业的劳动力相对较少。年龄、经营土地规模、家庭纯收入水平、农机保有值、农业补贴5个变量的标准差较大，并且最大值均超过平均值3个标准差，这说明不同农户的年龄、经营土地规模、家庭纯收入水平、农机保有值、农业补贴方面存在明显差异。其中，经营土地规模、家庭人均

收入水平，农机保有值这3项的最大值超过平均值3个标准差，而中位数相对平均值较小，这是因为样本中包含一些新型经营主体且其经营规模较大。其他自变量最大值均超过平均值3个标准差3倍以上，变量数据整体上波动不大。在回归中将对数据波动较大的变量取自然对数并做缩尾处理，另外根据经营主体类型不同做分类回归分析。

表7-8　　变量统计性描述

名称	样本量	最小值	最大值	平均值	标准差	中位数
农机投资意愿	592	0.000	1.000	0.498	0.500	0.000
预期农机投资金额	592	0.000	5500000.000	112260.642	391795.396	0.000
融资约束	592	0.000	1.000	0.520	0.500	1.000
需求型融资约束	592	0.000	1.000	0.215	0.411	0.000
供给型融资约束	592	0.000	1.000	0.306	0.461	0.000
性别	592	0.000	1.000	0.917	0.276	1.000
年龄	592	23.000	78.000	47.775	10.672	47.000
文化程度	592	1.000	4.000	2.010	0.747	2.000
专业培训经历	592	0.000	1.000	0.363	0.481	0.000
经营主体类型	592	1.000	3.000	1.546	0.672	1.000
家庭劳动力数	592	1.000	6.000	2.395	0.852	2.000
非农就业人数	592	0.000	1.000	0.209	0.407	0.000
经营土地规模	592	9.000	6891.750	402.872	1292.224	80.000
家庭收入水平	592	-48157.500	1571342.000	142920.049	283877.951	60328.000
保有农机价值	592	0.000	798750.000	94231.115	177984.080	22100.000
获得农业补贴	592	0.000	227745.400	17062.558	41868.377	4000.000
地域差异	592	0.000	1.000	0.596	0.491	1.000

利用Pearson相关性分析法分析单个自变量与因变量的相关关系，使用

Pearson 相关系数表示相关关系的强弱情况，对两者的相关性做初步判断。如表7－9所示：就农机投资意愿的影响因素而言，其单独与总体融资约束、供给型融资约束、年龄、家庭劳动力数之间有着显著的负相关关系；与受教育水平、是否接受过专业培训、经营主体类型、经营土地、家庭纯收入、农机保有值、地域差异之间有着显著的正相关关系；与需求型融资约束、性别、非农劳动力、农业补贴之间并没有相关关系。其中与融资约束、供给型融资约束、年龄、经营主体类型、经营土地、农机保有值相关系数的显著性最强，均在99%水平下显著，而与受教育水平、是否接受过专业培训、地域差异的相关系数在90%水平下显著。

表7－9　　相关性分析

因素	农机购买意愿	农机购买金额
总体融资约束	－0.166***	－0.028**
需求型融资约束	0.022	－0.069
供给型融资约束	－0.160***	－0.031**
性别	0.066	0.041
年龄	－0.157***	－0.020**
文化程度	0.072*	0.147***
接受专业培训	0.083*	0.070
经营主体类型	0.151***	0.332***
家庭劳动力数	－0.038*	－0.083*
非农就业人数	－0.040	－0.072
经营土地规模	0.145***	0.380***
家庭收入水平	0.052**	0.041*
保有农机价值	0.176***	0.198***
获得农业补贴	0.001	0.068
地域差异	0.028*	0.127**

注：*、** 和 *** 分别表示在10%、5%和1%水平上表现显著。

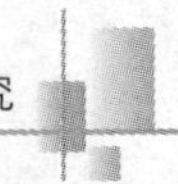

就预期农户农机投资金额而言，其与各自变量的相关关系基本和投资意愿保持一致。单独与总体融资约束、供给型融资约束、年龄、家庭劳动力数之间有着显著的负相关关系；与受教育水平、经营主体类型、经营土地、家庭纯收入、农机保有值、地域差异之间有着显著的正相关关系；与需求型融资约束、性别、非农劳动力、是否接受过专业培训、农业补贴之间并没有相关关系。其中相关性系数显著性最强的自变量为受教育水平、经营主体类型、经营土地、农机保有值。

7.3.1　融资约束对农户农机投资意愿影响

7.3.1.1　模型有效性检验

对二元 Logit 回归模型整体有效性进行分析，将上述确定的 13 个因素作为自变量，而将农机购买意愿作为因变量进行二元 Logit 回归分析，总共有 592 个样本参加分析，并且没有缺失数据。从表 7－10 报告的似然比检验结果可知：此处模型检验的原定假设为：是否放入 13 个自变量的某一个变量两种情况时模型质量均一样。这里三个模型的 p 值均 0 并小于 0.05，因而说明拒绝原定假设，即说明应用本次构建二元 Logit 回归模型放入的自变量具有有效性，模型构建有意义。从表 7－10 报告的 Hosmer－Lemeshow 拟合度检验可知，此处模型检验的原定假设为模型拟合值和观测值的吻合程度一致。这里模型的 p 值分别为 0.998、0.135、0.786，均大于 0.05，因而说明接受原定假设，即说明模型通过 H－L 检验，整体的拟合优度较好。

7.3.1.2　回归结果分析

从模型 4～模型 6 的回归结果表 7－10 可知：农户所受的总体融资约束与农机投资意愿呈显著的负相关，总体融资约束的回归系数值为 －0.539，并且呈现出 0.05 水平的显著性，意味着总体融资约束会对农机购买意愿产

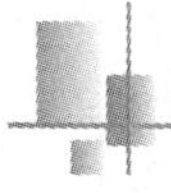

生显著的负向影响，其优势比（OR 值）为 1.714，意味着总体融资约束每增加一个单位时，农户农机投资意愿的减少幅度为 1.714 倍。同样供给型融资约束的回归系数值为 -0.620，并且呈现出 0.05 水平的显著性，意味着供给型融资约束会对农机购买意愿产生显著的负向影响，优势比（OR 值）为 1.859，意味着供给型融资约束每增加一个单位时，农户农机投资意愿减少的变化幅度为 1.859 倍。而需求型融资约束对农户的农机投资意愿影响并不显著。以上的回归结果说明农机投资作为农户生产性支出最主要的大额投资之一，当农户有农机购置意愿的时候，其家庭自有资金无法满足其扩大农业生产规模及农机购置的需要，因而会寻求各种途径经销融资，而在融资过程中受到的融资约束会抑制农户农机长期投资意愿。但是农户并不会因为个人原因形成的需求型融资约束而放弃农机购置意愿，而是由于无法获得足够的信贷支出而形成的供给型融资约束改变了农户的购机意愿。

表 7-10　　农机购置意愿回归分析结果

变量名称	模型 4 系数	OR 值	模型 5 系数	OR 值	模型 6 系数	OR 值
总体融资约束	-0.539** (-3.051)	1.714				
需求型融资约束			-0.016 (-0.076)	1.016		
供给型融资约束					-0.620** (-3.217)	1.859
性别	0.296 (0.906)	1.345	0.298 (0.916)	1.347	0.289 (0.884)	1.335
年龄	-1.087** (-2.635)	0.337	-1.175** (-2.873)	0.309	-1.145** (-2.777)	0.318
文化程度	0.096** (2.783)	1.101	0.072** (2.592)	1.075	0.119** (2.960)	1.126

续表

变量名称	模型4系数	OR值	模型5系数	OR值	模型6系数	OR值
接受专业培训	0.153 (0.801)	1.165	0.159 (0.839)	1.172	0.168 (0.878)	1.183
经营主体类型	0.149* (2.140)	1.161	0.181* (2.308)	1.198	0.120* (2.194)	1.128
家庭劳动力数	−0.040 (−0.364)	0.96	−0.036 (−0.326)	0.965	−0.058 (−0.523)	0.944
非农就业人数	−0.004 (−0.017)	0.996	−0.041 (−0.180)	0.96	−0.012 (−0.052)	0.988
经营土地规模	0.024** (2.519)	1.024	0.012* (2.106)	1.012	0.018* (.166)	1.018
家庭收入水平	0.124* (2.244)	1.132	0.137* (2.393)	1.147	0.127* (2.272)	1.135
保有农机价值	−0.067* (−2.337)	1.069	−0.076* (−2.691)	1.079	−0.073* (−2.577)	1.076
获得农业补贴	−0.064 (−1.594)	0.938	−0.057 (−1.437)	0.945	−0.064 (−1.602)	0.938
地域差异	−0.198** (−2.980)	0.82	−0.273* (−2.347)	0.761	−0.297* (−2.475)	0.743
截距	1.703 (0.876)	5.488	2.113 (1.098)	8.276	2.057 (1.060)	7.819
似然比检验	$\chi^2(13)=53.562$, $p=0.000$		$\chi^2(13)=44.215$, $p=0.000$		$\chi^2(13)=54.716$, $p=0.000$	
Hosmer − Lemeshow检验	$\chi^2(8)=1.002$, $p=0.998$		$\chi^2(8)=12.380$, $p=0.135$		$\chi^2(8)=4.731$, $p=0.786$	
R^2	0.115		0.096		0.118	

注：* 和 ** 分别表示在10%和5%水平上表现显著，括号里面为z值。

从农户户主个人特征来看，户主的年龄和文化程度对农户的农机投资意

愿有显著影响，其中年龄回归系数值为 -1.087，优势比 OR 值为 0.337，并且呈现出 0.05 水平的显著负相关关系，这意味着年龄会对农机投资意愿产生显著的负向影响，年龄每增加一个单位农户的农机投资意愿减少的幅度为 0.337 倍。而受教育水平的回归系数值为 0.096，优势比 OR 值为 1.101，并且呈现出 0.05 水平的显著正相关关系，这意味着受教育水平会对农机投资意愿产生显著的正向影响，受教育水平每增加一个单位，农户的农机投资意愿增加的幅度为 1.101 倍。这说明整体上来说随着农户年龄的增长，农户的生产经营状态逐步稳定，因而农机投资意愿会逐步下降，但是在现实调研中发现年龄和农机投资意愿也可能呈倒“U”型关系。而农户的文化程度越高，越容易融入农业机械化的发展进程，更愿意加强农机投资。而样本回归结果中农户户主个人特征中的性别和是否接受过专业培训变量对农机投资意愿没有显著影响关系。这可能由于调研样本中以男性为主，样本分布不均衡。而是否接受过专业培训对农机投资意愿没有影响，原因可能是现行的农业培训主要以种养殖培训为主，而专门的农业机械化培训较少。

从农户的经营特征来看，经营主体类型、经营土地规模、家庭收入以及农机保有值对农户的农机投资意愿有显著影响。其中经营主体类型的回归系数值为 0.149，优势比 OR 值为 1.161，并且与农机投资意愿在 0.1 水平呈显著正相关关系，这意味着经营主体类型不同农机投资意愿不同，而普通农户、种粮大户和新型经营主体的农机投资意愿呈依次递增趋势。总的来说种粮大户与新型经营主体由于生产经营需要，基于成本收益的考虑，对于农机的投资意愿更强。家庭经营土地的规模的回归系数为 0.024，优势比 OR 值为 1.024，并与农机投资意愿在 0.05 水平呈显著正相关关系，这意味着农户经营土地规模对农机投资意愿产生显著的正向影响，经营土地规模每增加一个单位，农户的农机投资意愿将增加的幅度为 1.024 倍。因为土地规模化经营对于农业机械的利用更能体现规模效应，而如果农户的土地细碎化严重也将减少其农业机械的投资。家庭纯收入的回归系数为 0.124，优势比 OR

值为1.132，与农机投资意愿在0.1水平呈显著正相关关系。这意味着农户的家庭纯收入每增加一个单位，农户的农机投资意愿将增加的幅度为1.132倍。农户的收入水平是被已有研究文献中提及对农户农机投资意愿影响最大的因素，与本书研究结论也基本一致，但是其显著性并没有那么高。农户农机保有值的回归系数为-0.067，优势比OR值为1.069，与农机投资意愿在0.1水平呈显著负相关关系。这意味着农户的农机保有值每增加一个单位，农户农机投资意愿将较少的幅度为1.069倍。该研究结论基本符合调研的实际情况，但在现实中农机保有量高的农户也有比较强的更新农业机械的投资意愿，所以其显著性并不是很强。而农户的经营特征中的家庭劳动力数和非务农劳动力数均对农户的农机投资意愿无显著影响。说明现阶段在农业机械化发展过程中，因为除了农机购置选择以外还有农机服务选择，所以农户的家庭劳动力多寡并不能决定农机购置意愿，这与以往研究文献观点有所不同。

在回归结论中，农户享受的各种农业补贴对其农机购置意愿的影响并不显著，因为调研中发现虽然大部分农户获得过农业补贴，但是获得过农机购置补贴的农户仅有37户，比例非常小，所以对农机投资意愿的影响不显著，但是如果从国家农机购置补贴政策的角度而言，农机购置补贴发放一定会激发农户的农机投资积极性。从区域差异性来看，东部地区3个盟市的农户农机投资的积极性明显比西部地区的要高，这主要和地区的资源禀赋有很大关系。

7.3.2 融资约束对农户农机投资规模影响

7.3.2.1 模型有效性检验

对Tobit模型整体有效性进行分析，同样将上述确定的13个因素作为自变量，而将农机购买意愿作为因变量进行回归分析，总共有592个样本参加

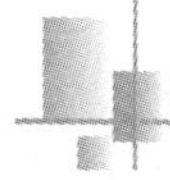

分析，并且没有缺失数据。从表7－11报告的似然比检验结果可知，此处模型检验的原定假设为：是否放入13个自变量的某一个变量两种情况时模型质量均一样。这里三个模型7～模型9的p值均0并小于0.05，因而说明拒绝原定假设，即说明应用本次构建Tobit模型放入的自变量具有有效性，模型构建有意义。其中回归系数就是潜在被解释变量关于解释变量的一个偏导数，可以观测各个因素对农机投资规模影响的边际效应。

表7－11　　农户农机投资规模回归结果

变量名称	模型7系数	模型8系数	模型9系数
总体融资约束	－2.442*** （－2.76）		
需求型融资约束		－0.363 （－0.340）	
供给型融资约束			－2.408*** （－2.61）
性别	1.053 （0.65）	1.077 （0.66）	1.011 （0.62）
年龄	－6.314*** （－3.23）	－6.799*** （－3.46）	－6.583*** （－3.38）
文化程度	0.564 （0.95）	0.435 （0.73）	0.614 （1.02）
接受专业培训	0.95 （1.02）	0.911 （0.97）	0.936 （1.00）
经营主体类型	0.154* （1.66）	0.298* （1.71）	0.054** （2.06）
家庭劳动力数	－0.133 （－0.24）	－0.088 （－0.16）	－0.199 （－0.36）
非农就业人数	0.471 （0.41）	0.355 （0.31）	0.471 （0.41）

续表

变量名称	模型 7 系数	模型 8 系数	模型 9 系数
经营土地规模	0.012 ** (2.02)	0.047 * (1.79)	0.031 ** (2.06)
家庭收入水平	0.86 * (1.67)	0.93 * (1.79)	0.873 * (1.69)
保有农机价值	0.428 *** (2.88)	0.482 *** (3.22)	0.456 *** (3.29)
获得农业补贴	0.348 * (1.82)	0.319 * (1.85)	0.347 * (1.81)
地域差异	−0.777 (1.04)	−1.1 (1.057)	−1.232 (1.034)
截距	14.077 (1.51)	16.76 * (1.78)	16.197 * (1.74)
var (e. 农机投资规模)	84.239 *** (7.967)	85.601 *** (8.101)	84.293 *** (7.974)
似然比检验	$\chi^2(13)=64.23$ p = 0.0000	$\chi^2(13)=54.28$ p = 0.0000	$\chi^2(13)=65.28$ p = 0.0000
R^2	0.240	0.203	0.244
N	592	592	592

注：*、** 和 *** 分别表示在 10%、5% 和 1% 水平上表现显著，括号里面为 t 值。

7.3.2.2　回归结果分析

从回归结果表 7 - 11 中可知：农户是否受融资约束是决定其农机投资规模额度的一个重要因素，其中总体融资约束和供给型融资约束与农户农机投资规模呈显著负相关，总体融资约束的回归系数值为 - 2.442，供给型融资约束的回归系数为 - 2.408，并且呈现在 0.01 水平下的显著负相关。这意味着融资约束会对农户农机投资规模产生显著的负向影响，总体融资约束每增加一个单位，即在同等条件下受到融资约束的农户会比不受融资约束的农户农机投资的金额减少244.2%，同样受供给型融资约束的农户比不受供给型融资约束的农户农机投资金额少240.8%。而需求型融资约束对农户的农机投资规模影响并不显著。以上的回归结果说明融资约束不单影响农户农机投资的意愿，对于有投资意愿的农户，当其受到融资约束的时候，由于资金匮乏故会减少农机购置金额，而由农户个人原因导致的需求型融资约束不会对其农机投资规模造成影响。

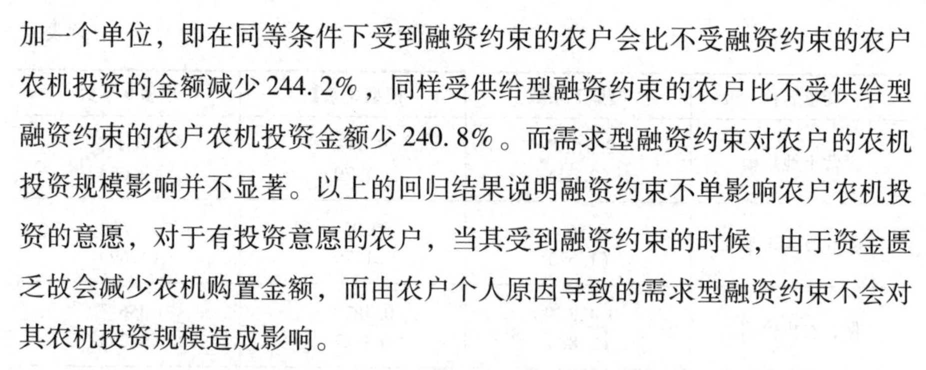

从农户户主个人特征来看，户主的年龄对农户的农机投资规模有显著影响，年龄回归系数为6.314，并且在0.01水平呈显著负相关关系，这说明随着户主年龄的增加，农机的投资规模会相应减少，而性别、受教育水平、是否接受过专业培训对农机投资规模没有显著影响，说明农户购买型号、品牌、多大规模的农机和其性别以及受过教育关系不大，主要还是考虑生产经营的需要。

从农户的经营特征来看，经营主体类型、经营土地规模、家庭收入以及农机保有值不单对农户农机投资意愿有影响，对农机投资规模同样有显著影响。其中经营主体类型的回归系数值为0.154，在0.1水平呈显著正相关关系，这说明在其他条件不变的情况下，种粮大户农机投资规模会比普通农户高15.4%，而新型经营主体的农机投资规模要比种粮大户大，说明种粮大户和新型经营主体在农机购置过程中更倾向于高价值的大型农业机械。家庭经营土地规模的回归系数为0.012，并与农机投资规模在0.05水平呈显著正相关关系，这说明农户经营土地规模越大，对农机需求量越多，对于大型农业机械的需求越大，因而会增加投资规模，但由于土地细碎化会影响规模化经营。家庭收入水平同样对农机投资规模产生正向的影响，这说明高收入的农户对于农机投资有资金保障。这个结论和其对农户农机投资意愿的影响是一致的。农户的农机保有值对于农机投资规模有显著影响，但是其影响方向不符合研究的预期。从回归结果来看，农户的农机保有值与其投资规模是

呈显著正相关关系的，这说明农户农机保有值越大其越倾向于加大农机投资规模。这主要源于两个方面：一是由于农机保有量及其价值本身代表农户的固定财产持有较多，在资金支出时受到的融资约束较少，因而可以扩大生产性投资规模；二是农机保有量大说明农户的农机需求相对比较旺盛，无论是出于自用还是为别人提供农机服务获得额外收入，其都有农机购置和更新的动机，所以农机投资金额会越来越大。而家庭经营特征中的家庭劳动力数和非务农劳动力数同样对农户的农机投资规模无显著影响，研究结论和农户农机投资意愿的研究结论基本一致。

在研究农户农机投资意愿的结论中，农户获得各种农业补贴对其农机购置意愿的影响并不显著，但是是否获得过农业补贴对于农户农机购置规模有显著的影响，虽然样本中仅有 37 户农户获得过农机购置补贴，但是如果有农机购置意愿的农户只要其获得过各种农业补贴就被当作了解农机购置补贴政策。目前的农机购置补贴比例基本在所购农业机械市场价的 30% 左右，所以 30% 的补贴额度会鼓励农户加大农机的投资规模和力度。从区域差异性来看，东西部差异对于农机投资规模没有显著影响，说明农机投资规模决定性因素还是来自农户的个体特征，而区域差异主要体现在投资意愿上。

7.4　本章小结

通过对农户的农机投资意愿和投资规模的影响因素进行实证分析可知：农户是否受融资约束是影响农户农机投资意愿和透支规模的重要因素。进一步分析发现，需求型融资约束并不会影响农户农机投资意愿和投资规模，而供给型融资约束对农户农机投资意愿和投资规模均有显著影响。就农户农机投资意愿影响因素而言，除了本书重点探讨的融资约束因素以外，年龄、受教育水平、经营主体类型、经营土地、家庭收入水平、农机保有值、地域差异均对农机投资意愿有显著影响。其中受教育水平、经营主体类型、经营土

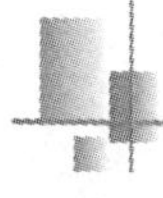

地、家庭收入水平与农机投资意愿呈正相关关系；年龄、农机保有值、地域差异呈负相关关系。而性别、是否接受过专业培训、家庭劳动力数、非农就业人数、农业补贴对农机投资意愿没有显著影响。就农户农机投资规模影响因素而言，年龄、经营主体类型、经营土地规模、家庭收入、农机保有值、农业补贴均对农机投资规模有显著影响。其中经营主体类型、经营土地规模、家庭收入水平、农机保有值、农业补贴 5 个因素与农机投资规模呈正相关关系；年龄与农机投资规模呈负相关关系。而性别、是否接受过专业培训、家庭劳动力数、非农就业人数、地域差异对农机投资规模没有显著影响。除了农机保有值对两者的影响有所差异以外，其他因素研究结论基本与已有文献相似。而作为本书探讨的重点——融资约束因素则是新的研究发现，此研究结论将为下一步探讨通过开展农机融资租赁缓解农机投资融资约束，促进农业机械化发展奠定理论基础。

第8章

农户农机融资租赁参与意愿及选择偏好研究——基于缓解融资约束视角

前述章节探讨了现阶段农户农机需求状况以及农户在农机购置过程中的融资需求，同时对农户面临的融资约束及其影响因素进行了有效甄别和测度，进一步应用调研的微观数据从理论和实证的角度分析表明融资约束是影响农户农机投资意愿和投资规模的重要影响因素。研究发现农机投资金融服务需求较大，但需求满足率较低，供给型融资约束严重，融资约束阻碍农业机械化、现代化的进程。破解农业机械化发展的融资约束既要依靠国家政策引导农业银行、农村信用社等正规金融机构积极开展农机购置信贷业务，充分发挥农发行之类的政策性金融机构对于农业机械化发展的支持，鼓励正规金融机构业务继续下沉支农业务。同时也要依靠市场的力量，缓解农户在农业现代化进程中的融资约束。作为现代金融市场的有益补充的融资租赁业务是缓解固定资产投资的有效手段，国外的实践证明农机融资租赁的开展将有效缓解农业经营主体的融资约束，促进农业机械化进程。本章将从承租人视角探讨农户对农机融资租赁的认知及参与意愿，分析影响农户参与农机融资租赁的意愿以及其关注的主要因素，以期为下一步借助农机融资租赁缓解农机投资融资约束的对策研究提供依据，来达到破解农户农机投资融资约束促进农业机械化发展的作用。

8.1 理论分析与模型设定

8.1.1 理论分析

从融资需求的角度来看，农机购置的融资需求属于农业生产规模化经营扩张过程中的固定性投资。从融资渠道来看，农户的融资渠道从内源融资方式逐渐向外源融资转变。而从外源融资资金来源进一步细分，农户融资需求可以分为正规融资和非正规融资，现有研究表明大部分学者都认为非正规融资依然是中国农户融资的主要渠道，但事实上是农户的一种无奈选择，究其原因主要是因为正规金融机构对农户存在较大的供给融资约束，无法有效满足农户的金融需求。而农户融资渠道的优序排列应该是首先通过自身的非农收入满足资金需求，然后考虑亲戚朋友拆借，再次通过正规金融机构借贷，最后不得已考虑民间借贷。融资租赁作为一种新型的融资方式，必然会成为农户农机融资的重要渠道。基于融资租赁的债务替代理论，本书认为农机融资租赁既是农户的融资意愿选择行为又是农机投资行为，所以依据农户融资理论和投资行为理论，结合文章研究主题及调研数据，构建研究农户融资租赁意愿影响因素分析的理论框架，确定具体的影响因素，为下一步的实证分析提供理论依据。

现有农户对农机融资租赁意愿和选择偏好的研究相对较少，而农机融资租赁本身也可以看作一种融资行为选择。而影响农户融资行为的因素主要是融资主体的个体禀赋特征，另外还需考虑金融供给主体以及融资环境等方面的因素。现有的研究大部分都聚焦于融资主体的特征，具体包括如下几个方面：户主的年龄、受教育水平、家庭生产经营规模、收入水平、家庭生命周期（贾澎等，2011）、外出务工等非农收入（陈鹏等，2011）、家庭全年总支出、生产性固定资产原值、劳动力人数等家庭特征同样对农户借贷行为具

有显著影响。有的学者研究发现不同收入水平、文化程度的农户在正规与非正规融资渠道以及资金用途上存在显著差异（史清华等，2020），而农户所能提供的担保资产量也会影响农户的融资渠道组合结构（胡士华等，2011）。另外党员或者干部等政治身份和社会网络关系等社会资本（孙颖等，2013）、对银行借贷政策认知程度（贺莎莎，2008）也同样对农户的融资行为产生一定的影响。除上述因素以外，有学者研究发现从非个体自然禀赋的角度研究发现信用评级对农户急需资金时最愿意选择的融资渠道和创业时最愿意选择的融资渠道有不同的影响，信用评级后的农户更愿意从农村信用社融资（张三峰等，2013）。从宏观环境来看，区域经济发展水平差异同样会形成农户的融资需求差异（谢丽霜，2007），而现实金融机构离农户距离较远、信息不对称导致的交易费用高昂也影响农户的信贷需求。是否受到供给型融资约束也影响农户的融资能力以及融资渠道的选择（甘宇，2017），因为受到融资约束的时候农户即使获得了资金也可能不是其目标融资金额，或者其无法通过正规的融资渠道满足融资需求进而选择其他的非正规渠道，这也是本书研究的侧重点。

除了农户自身的特征以为，农户是否愿意选择农机融资租赁这种新型的金融供给购置农机还决定于农机融资租赁业务本身的属性是否能满足农户的需求。由于农户普遍生产规模较小、抵御风险能力较弱，无论其是理性经济人还是有限理性都会在基于自身资源禀赋并权衡各种风险的基础上，作出以效用最大化为目标的选择。而农机融资租赁作为农户农机投资时信贷选择的有效替代方案必须考虑农户的现实需求。根据实践调研发现，农户农机购置融资难的痛点主要体现在利率水平高、缺乏有效的抵押担保、融资周期短、融资金额不足、金融机构服务差等方面。鉴于此，本书应用选择实验法进行农户对不同属性的农机融资租赁方案的选择偏好研究，具体确定了是否需要抵押担保、融资期限、是否提供增值服务和费率水平四个属性进行选择实验的方案设计，由于一笔农机融资租赁业务为固定额度，故不作为关注要素，

其中不同费率水平可以反映农户其他属性的支付意愿。最后通过回归分析识别农户对于农机融资租赁业务不同属性的选择偏好并测算其支付意愿。

8.1.2 模型设定

由理论分析可知，现有文献关于融资租赁的影响因素风险多以上市公司数据为例进行实证分析，研究融资租赁规模的影响因素主要以面板数据的固定效应模型为主，研究企业融资租赁意愿和决策倾向影响因素的主要以二元选择模型（Logit 或 Probit）为主。因农机融资租赁的承租方的特殊性，上述理论分析认为农机融资租赁既是农户的融资意愿选择行为又是农机投资行为，故本书参考关于农户投融资行为的这个研究文献确定基本的影响因素，同时结合农机融资租赁的特殊性用参与意愿和选择偏好两个方面建立模型。

8.1.2.1 多元有序结果 Logit 模型

本书参考罗剑朝（2014）、安海燕（2017）等学者的研究思路，结合研究主题构建多元有序 Logit 模型，分析影响农户融资租赁参与意愿的因素。这里主要关注农户所受融资约束及其他特征对其参与农机融资租赁意愿的影响因素。将被解释变量“是否意愿参加农机融资租赁”设置为有序分类变量，具体表示为“非常不愿意、不太愿意、一般、比较愿意、非常意愿”五个等级，对应取值为“1、2、3、4、5”，由于被解释变量是一种有序离散型随机变量，故选择有序结果 Logit 模型来分析。在有序结果建模中，会产生序列潜变量 Y_i，它会逐步跨越更高的门限值，本书中 Y_i 表示“农户参加农机融资租赁意愿”的一个不可观测指标。对于个体 i，我们设定具体表达式如下：

$$Y_i^* = \alpha R + \cdots + \beta_i X_n + \mu_i \tag{8-1}$$

式（8－1）中，Y^* 是无法观测的与因变量对应的潜变量，Y^* 很低的时候表示农户“非常不愿意”参与农机融资租赁；而对于 $Y^* > V_1$ 表示农户参

与农机融资租赁意愿提升到了“不太愿意”；对于 $Y^* > V_2$ 表示农户参与农机融资租赁意愿提升到了“一般愿意”，以此类推。R 为农户是否受融资约束，$X_1 \sim X_n$ 分别表示农户个人特征、家庭经营特征以及其他影响因素。α、β_i 分别是各解释变量相应的待估参数，μ_i 为服从逻辑分布的误差项。

对于一个有 m 个选项的有序模型需要有 $m-1$ 个门限值，我们定义：$Y_i = j$，则 Y 与 Y^* 的关系如下：

$$\begin{cases} Y=1, \ if \quad Y^* \leqslant V_1 \\ Y=2, \ if \quad V_1 < Y^* \leqslant V_2 \\ Y=3, \ if \quad V_2 < Y^* \leqslant V_3 \\ Y=4, \ if \quad V_3 < Y^* \leqslant V_4 \\ Y=5, \ if \quad V_4 < Y^* \end{cases} \tag{8-2}$$

如果 $V_{j-1} < Y_i^* \leqslant V_j$，$j = 1, \cdots, m$，其中 $V_0 = -\infty$，$V_m = +\infty$，则有：

$$\begin{aligned} Pr(Y_i = j) &= Pr(V_{j-1} < Y_i^* \leqslant V_j) \\ &= Pr(V_{j-1} < \alpha X_1 + \cdots + \beta_i X_n + \mu_i \leqslant V_j) \\ &= Pr(V_{j-1} < \alpha X_1 + \cdots + \beta_i X_n < \mu_i \leqslant V_j - \alpha X_1 + \cdots + \beta_i X_n) \\ &= Pr[V_{j-1} - (\alpha X_1 + \cdots + \beta_i X_n)] - F[V_{j-1} - (\alpha X_1 + \cdots + \beta_i X_n)] \end{aligned} \tag{8-3}$$

其中，F 是 μ_i 的累计分布函数（c. d. f）。解释变量的系数 α、β 和 $m-1$ 个门限参数值都是通过使对数似然函数极大化来获得的，$Pr(Y_i = j)$ 与之前的定义一样。对于有序 Logit 模型来说，由于 μ_i 为服从 Logistic 分布的误差项，则 $F(z_i) = \Lambda(z_i) = \frac{1}{1+e^{-z_i}} = \frac{e^{z_i}}{1+e^{z_i}}$。回归系数 α、β 可以解释为农户参与农机融资租赁的意愿是否随着各个被解释变量的增长而增长，如果为正值则会减少不愿意参与类别的概率，同时增加愿意参与的概率。

8.1.2.2　选择实验——随机参数 Logit 模型

本书参考朋文欢、黄祖辉（2017）和韩喜艳、刘伟等（2020）学者的

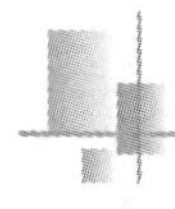

做法，应用选择实验法（choice experiments，CE）进一步考察农户对农机融资租赁的选择偏好。选择实验法最早是源于兰卡斯特（Lancaster，1966）提出来的消费特征微观效用理论，该理论认为产品可以被描述为一系列属性的组合，消费者的效用水平并非源于产品本身而是取决于构成产品的属性结构和水平。他为选择实验属性上的评估提供了理论基础。而丹尼尔·麦克法登（D. McFadden，1976）用随机效用理论与选择实验理论的有效集合形成的离散选择模型将选择问题转化成效用比较问题，描述决策者在效用最大化框架下的离散选择问题。此方法为决策者提供了一个由不同属性组成的选择集，要求决策者仔细权衡每个选择集中的多个备选方案，选择自身效用最大的备选方案，应用计量经济模型来分析决策的偏好不同属性的方案。本书定义农户参与农机融资租赁的随机效用函数，并假定农户根据效用最大化选择自己参与农机融资租赁的方案。

农户参与农机融资租赁的随机效用函数为：$U_{ij}=V_{ij}+\xi_{ij}$，其中 U_{ij}表示决策者 i 从方案 j 中获得的效用；V_{ij}表示被调研农户 i 选择备选方案 j 基于可观测的特征（属性）的确定性效用；ξ_{ij}表示效用函数基于不可观测的特征（属性）的随机误差项。对于理性的决策者，根据自身效用最大化原则，如果农户 i 从备选集中选择 j 方案，说明对于如何一个 $k\neq j$ 的方案，都会是 $U_{ij}>U_{ik}$。农户从选择集中选择 j 方案的概率是：

$$P_{ij}=P[(V_{ij}+\xi_{ij})>(V_{ik}+\xi_{ik})],\ \forall k\neq j \tag{8-4}$$

而随机误差项 ξ_{ij}分布的假设不同将形成不同的计量模型。由于随机参数 Logit 模型更加宽松的假设条件和在捕获消费者偏好异质性上的优势，故本书假设随机误差项 ξ_{ij}是 $\prod$ 类极值分布，采用了随机参数 Logit 模型进行估计，那么农户 i 选择方案 j 的获得的效用如下所示：

$$V_{ij}=\beta_i Z'_{ij}+\gamma_{ij}X'_i \tag{8-5}$$

式（8-1）中，β_i、γ_{ij}为待估计参数，β_i 代表农户 i 对农机融资租赁的某一个属性的偏好程度，γ_{ij}代表农户 i 某个个体特征对农机融资租赁选择偏

好的影响程度，Z'_{ij}表示农机融资租赁的属性向量，X'_i表示农户的个体特征向量，ξ_{ij}表示单独误差项。那么农户 i 选择方案 j 的概率可以表示为：

$$P_{ij} = \frac{e^{V_{ij}}}{\sum_{k=1}^{j} e^{V_{ij}}} = \frac{e^{\beta_i Z'_{ij} + \gamma_{ij} X'_i}}{\sum_{k=1}^{j} e^{\beta_i Z'_{ij} + \gamma_{ij} X'_i}} \tag{8-6}$$

以上是随机参数 Logit 模型中产生的间接效用函数，可表示为线性形式：

$$U_{ij} = ASC + \beta_i Z'_{ij} + \gamma_{ij} X'_i + \xi_{ij} \tag{8-7}$$

研究认为，通常在选择集中提供一个维持现状或都不选择的选项更接近于真实的决策情景。为避免农户在设定方案中强制选择引起估计结果偏差，所以式（8-7）中引入替代特定常数（alternative specific constant，ASC），表示两者都不选，用来解释无法观测的属性对选择结果的影响，表示农户选择“两种方式都不选”时的基准效用。当选择“两种方案都不选”时，ASC 赋值为 1；当选择任一备选方案时，ASC 赋值为 0。由于多项式 Logit 模型回归需要满足随机误差项服从严格的 IID 假设，而且参数值 j 是一个固定的值，这样的假设意味着将农户看成是完全同质的群体，因而不能表达不同农户偏好随机性的特点，也无法进一步进行选择偏好异质性分析，因此放松了 IIA 假设的随机参数，Logit 模型（RPL）估计结果更有效，此时农户 i 选择方案 j 的概率为：

$$P_{ij} = \int \frac{e^{V_{ij}}}{\sum_{k=1}^{j} e^{V_{ij}}} f(\beta,\ \gamma|\theta)\mathrm{d}(\beta) = \int \frac{e^{\beta_i Z'_{ij} + \gamma_{ij} X'_i}}{\sum_{k=1}^{j} e^{\beta_i Z'_{ij} + \gamma_{ij} X'_i}} f(\beta,\ \gamma|\theta)\mathrm{d}(\beta) \tag{8-8}$$

为了研究农户的异质性对农机融资租赁选择偏好的影响，本书引入农户 i 的个体特征、家庭经营特征、农机投资状况及融资约束等变量 Z 和选择的属性变量 X 的交互项，简单表示为：

$$U_{ij} = ASC + \beta_i Z'_{ij} + \gamma_{ij} X'_i + \delta Z'_{ij} \cdot X'_i + \xi_{ij} \tag{8-9}$$

式（8-9）中，δ 为 Z_{ij} 与 X_i 的交互项系数。如果交互项与属性变量估计系数符号相同（同为正数或同为负数）且显著，说明变量 X_{ij} 对农户参与融资租赁的选择偏好有正向作用，即变量增强了农户参与农机融资租赁某属性的选择偏好，反之，则减弱了农户参与农机融资租赁某属性的选择偏好。

支付意愿是指在效用水平不变的前提下，当产品某种属性发生变化时，消费者愿意为此支付的价格。在本书中农户选择不同的农机融资租赁方案，面临着不同的费率水平对应着的融资期限、是否提供抵押担保以及是否享受增值服务。因此，为了分析农户对不同属性的偏好，确定其支付意愿公式为：

$$WTP = \frac{\gamma_i}{\gamma_r} \tag{8-10}$$

其中，γ_0 为除费率水平以外其他属性的估计参数，γ_r 为费率水平的估计参数。

8.2 数据来源与变量选取

8.2.1 数据来源

根据本章的研究目标，本部分调研主要针对农户农机租赁业务参与意愿以及选择偏好进行分析。基于前面提到的课题组对内蒙古呼和浩特市、赤峰市、通辽市、巴彦淖尔市、呼伦贝尔市 5 盟市 12 个旗县区 40 多个乡镇的 70 多个村 592 户经营农户的问卷调查，其中未来两年有农机投资意愿的有 295 户，针对这些农户进一步跟踪调查其农机投资的融资需求以及参与农机融资租赁的意愿及选择偏好。针对模型（8－1）的数据需要，在问卷中关于“下一步农机购置中您是否愿意参与农机融资参与意愿”这一问题设置了 5 个选项，即“非常不愿意、不太愿意、一般、比较愿意、非常意愿”，分别取值“1、2、3、4、5”作为上述模型（8－1）的被解释变量。同时在这

一部分设计了“您是否了解农机融资租赁业务”这一问题选项，以此表示农户对农机融资租赁的认知程度，并作为一项被解释变量。农机融资租赁各属性及水平描述如表8-1所示。

表8-1　农机融资租赁各属性及水平描述

属性	水平级数	属性水平定义	预期作用方向
费率水平	3	综合年费率12%、15%、20%	-
融资期限	3	融资期限为1年、3年、5年	+
抵押担保	2	需要抵押担保=1，不需要抵押担保=0	-
增值服务	2	提供增值服务=1，不提供增值服务=0	+

针对模型（8-9）的数据来源，先根据选择实验法的要求在调查问卷设计前开展了针对农户、经销商、融资租赁公司和相关专家的前期调研，对农户农机购置融资过程中主要关注的因素进行了甄别和选择。影响农户参与农机融资租赁行为的因素很多，但是选择实验法要求不能把所有的因素考虑进来，在充分调研的基础上最终选择了费率水平、融资期限、抵押担保、增值服务4个属性并确定每个属性的水平，其中费率水平2个水平，融资期限3个水平，抵押担保2个水平，增值服务2个水平，具体如表8-2所示。在选择实验中，根据属性和水平数量的设置，应用SPSS 22.0进行正交实验，设计正交表确定最接近的正交表形式为L9. 3. 4，通过拟水平法改造之后共形成9种方案（见表8-2）。按照全要素选择实验设计，本正交实验形成的9个方案两两组合一共能形成36（3×3×2×2）个选择集。而将所有选择集都纳入问卷进行调研不太现实，另外形成的选择集当中有一些不正常或者有违常理的需要从中剔除。

表 8 – 2　　正交实验设计

编号	利率水平	融资期限	抵押担保	增值服务
1	12%	1 年	不需要	不提供
2	12%	3 年	需要	提供
3	12%	5 年	需要	提供
4	15%	1 年	需要	提供
5	15%	3 年	需要	不提供
6	15%	5 年	不需要	提供
7	20%	1 年	需要	提供
8	20%	3 年	不需要	提供
9	20%	5 年	需要	不提供

本书借助 SAS 9.4 软件正交实验功能设计出合理的选择集，依据 D – optimal 设计的最优选择原则最终选择 6 个独立无关的选择集。每个选择集有 3 个选项，包含两个由 4 个属性组合成的备选方案和一个“两种方式都不选”方案。调查问卷中形成的选择集示如表 8 – 3 所示，将类似的 6 个选择集作为调查问卷的一部分进行调研，获取随机参数解释变量的数据。模型（8 – 1）中关于农户个体及家庭经营特征以及所受融资约束程度等的被解释变量数据来源及属性与前述保持一致。由于选择实验有 6 个选择集，每个选择集有 3 个备选项，则每个样本将生成 18 个观测值，纳入本章研究的有效样本数为 295 户，所以共得到 5310（6 × 3 × 295）条有效观测值。

模型（8 – 1）中农户个体及家庭经营特征以及所受融资约束程度等其他解释变量数据来源及属性来源于调查问卷的整理，与前几章保持一致。

表8-3　　选择实验问卷中选择集示例

属性	选项1	选项2	选项3
融资期限	1年	3年	都不选
抵押担保	不需要	需要	
增值服务	不提供	不提供	
费率水平	12%	15%	
您的选择	（　）	（　）	（　）

注：请在括号中画"√"。

8.2.2　变量选取及描述

本书综合已有研究成果及相关理论将影响农户农机融资方式选择的基本解释变量在多元有序Logit模型中纳入融资约束状况，在选择实验——随机参数Logit模型中进一步纳入农机融资租赁属性特征。具体来讲研究农户农机融资租赁参与意愿多元有序Logit模型中包含的自变量包括融资约束状况、农户个及家庭经营特征、农机投资状况、金融认知状况4个方面；而研究农户农机融资租赁选择偏好的随机参数Logit模型自变量中除包括4个方面的农户特征以外，主要研究农机融资租赁属性特征对农户农机融资租赁的选择偏好的影响。具体变量的定义、描述性统计结果如表8-4所示。

表8-4　　变量定义及描述性统计特征

项目	变量名称	变量取值及定义	最小值	最大值	平均值	标准差	中位数
融资约束状况	总体融资约束	存在融资约束=1；不存在=0	0	1.000	0.602	0.490	1.000
	需求型融资约束	需求型融资约束=1；不存在=0	0	1.000	0.224	0.418	0
	供给型融资约束	供给型融资约束=1；不存在=0	0	1.000	0.378	0.486	0

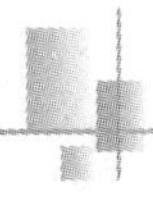

续表

项目	变量名称	变量取值及定义	最小值	最大值	平均值	标准差	中位数
农户个及家庭经营特征	性别	女 =0；男 =1	0	1.000	0.935	0.246	1.000
	年龄	按照受访者实际年龄取自然对数	23.000	68.000	46.197	10.754	46.000
	文化程度	小学及以下 =1；初中 =2；高中及中专 =3；大专以上 =4	1.000	4.000	2.065	0.734	2.000
	经营主体类型	普通农户 =1；种粮大户 =2；其他 =3	1.000	3.000	1.646	0.699	2.000
	经营土地规模	取经营土地面积自然对数	0	8.838	4.682	1.394	4.500
	家庭收入水平	取家庭收入自然对数	7.872	14.771	11.776	1.209	11.698
农机投资状况	保有农机价值	取保有的农机价值的对数	0	14.812	10.036	2.924	10.145
	预购置农机价值	取预购置农机价值自然对数	7.601	15.520	11.297	1.435	11.513
金融认知状况	了解的融资渠道	了解一种 =1；了解二种 =2；三种及以上 =3	0	3.000	1.367	1.133	1.000
	对融资租赁认知	是否了解农机融资租赁业务是 =1；否 =0	0	1.000	0.160	0.367	0
农机融资租赁属性特征	费率水平	年费率 12% =0.12；年费率 15% =0.15；年费率 20% =0.20	0	0.20	0.138	0.793	0.15
	融资期限	1 年 =1；3 年 =3；5 年 =5	0	5	3.423	2.764	3
	抵押担保	需要抵押担保取值 =1，否则 =0	0	1	0.217	1.384	0
	增值服务	提供增值服务取值 =1，否则 =0	0	1	0.514	0.984	1

（1）融资约束。解释变量中是否受融资约束（供给型融资约束、需求型融资约束）作为主要解释变量是本书研究的重点。根据前述农户融资约

束识别机制识别结果，将识别结果作为虚拟变量引入模型，分析不同融资约束状况下的农户农机融资租赁参与意愿及选择行为。294户有农机投资意愿的农户中总体受融资约束的有177户，占比60.2%。其中受到需求型融资约束的66户，占比22.45%；供给型融资约束111户，占比37.76%。当农户在农机投资过程中面临融资约束时，融资租赁作为一种新型的融资方式能有效缓解融资约束。所以面临融资约束的农户更愿意参与农机融资租赁业务。

（2）农户个体及家庭经营特征。一般情况下男性更具有冒险精神，更愿意接受新事物，因而其农机融资租赁意愿更强。所以就年龄结构而言，年轻人更需要资金支持，而随着受访者年龄的增长，其家庭收入相对增加，而投资和生产会相对减少，融资需求也会减少，接受融资租赁的意愿会减弱。受访者文化程度越高对农机融资渠道的了解越多，因此，愿意参与农机融资租赁的可能性越大。相比普通农户而言，种粮大户和其他新型经营主体因为经营规模较大、资金需求旺盛，单纯的金融机构贷款无法满足，所以他们更愿意寻求新的融资渠道，接受农机融资租赁的意愿更强。家庭经营的土地规模越大越愿意接受农机融资租赁，因为农机服务成本较高，购置农机除了自用还可以给别人提供农机服务增加收入。家庭收入水平越高，其自有资金比较充裕，一般不需要考虑融资，但也不排除高收入导致高支出，再有农机需求的时候同样愿意接受农机融资租赁。

（3）农机投资状况。关于农机投资状况主要从存量和增量两个方面考虑。农户的农机存量决定其是否有农机购置需求，同时也影响其在农机购置过程中所受的融资约束程度，如可以将其作为资产抵押，可以减轻融资难度，但会降低农户参与农机融资租赁的意愿。而农机投资的增量越大则说明资金需求越多，当传统的融资方式无法满足农机投资需求的时候，那么就会增加农户参与农机融资租赁的意愿。

（4）金融认知状况。关于金融认知状况主要从农户对融资渠道以及对

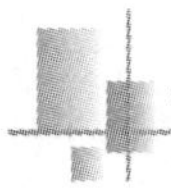

于农机融资租赁有了解两个方面来衡量。如果农户对于农村的金融体系非常熟悉，了解多种融资渠道，那么他更容易满足自身的资金需求，因而农机融资租赁的参与意愿不大；但是如果其认真了解过农机融资租赁业务，说明其有这方面的需求，那么就更容易接受农机融资租赁。调研样本中关于是否了解农机融资租赁的认知中平均值只有 0.16，说明大部分农户都不太了解这一业务。

（5）农机融资租赁属性特征。本书选择实验设计中设计了费率水平、融资期限、抵押担保、增值服务四个方面的属性。就单个属性而言，费率水平的高低应该是农户最关心的属性，即费率水平越低，农户越愿意选择通过农机融资租赁来进行融资购置农业机械；而融资期限则是农户关心的另一个重要属性，现行的农村信贷业务期限大部分以短期为主，所以相对而言农机融资租赁期限越长的方案农户越容易选择；农村金融普遍存在的信贷配给约束主要原因就在于缺乏有效的抵押物或者担保，所以相对来说，无须抵押担保的农机融资租赁方案农户更容易接受；而对于第四个属性增值服务虽然不是主要的影响因素，但是如果相关融资租赁公司除了融资服务还可以适当提供一些其他的增值服务的话，农户可能会权衡其他因素以及给其带来的综合效应而选择农机融资租赁。

8.3 实证结果分析

8.3.1 农机融资租赁参与意愿

8.3.1.1 模型有效性检验

首先对本章模型构建的有效性进行检验，根据构建的有序 Logistic 模型回归结果，并且使用 Logit 连续函数模型进行研究。对三个模型 10 ~ 模型 12

进行似然比检验原定假设为：是否放入某一个自变量两种情况时模型质量均一样。由回归结果可知：显示拒绝原假设，即说明构建模型时，放入的自变量具有有效性，McFadden R^2 分别为 0.521、0.406、0.491，说明模型拟合程度较好，本次模型构建有意义。

就农机融资租赁参与意愿的分布情况来看（见表 8－5），样本中选择非常愿意参与的有 47 户，占比 15.99%；比较愿意的 84 户，占比 28.57%；一般愿意的 28 户 9.52%；不太愿意的 71 户，占比 24.15%；非常不愿意 64 户，占比 21.77%。整体上分布比较均衡，说明农机融资租赁目前还没有被普遍接受，而进一步探讨其原因是很有必要的。

表 8－5　　融资租赁参与意愿频数分布

名称	选项	频数	百分比
融资租赁参与意愿	1.0	64	21.77%
	2.0	71	24.15%
	3.0	28	9.52%
	4.0	84	28.57%
	5.0	47	15.99%
	总计	294	100.0

8.3.1.2　回归结果

本书运用 STATA 16.0 软件对 Logit 模型进行回归，将不同的融资约束类型指标分别放入模型进行回归，从回归结果可知（见表 8－6）：农户所受的总体融资约束与农机融资租赁参与意愿呈显著的正相关，总体融资约束的回归系数值为 3.471，并且呈现出 0.001 水平的显著性，这意味着总体融资约束会对农户参与农机融资租赁的意愿产生显著的正向影响，其优势比（OR 值）为 2.183，意味着总体融资约束每增加一个单位时，农户参与农机融资租赁的意愿就会增加 2.183 倍。同样供给型融资约束的回归系数值为 2.841，并且也在 0.001 水平上呈现显著正相关关系，其优势比（OR 值）为 3.128，说明供给型融资约束每增加一个单位时，农户参与农机融资租赁的意愿增加的幅度是 3.128 倍。而研究发现需求型融资约束对农户农机融资租赁参与意愿的影响并不显著。

表 8-6　　　　农机融资租赁参与意愿回归分析结果

变量名称	模型 10		模型 11		模型 12	
	回归系数	OR 值	回归系数	OR 值	回归系数	OR 值
总体融资约束	3.471*** (4.062)	2.183				
需求型融资约束			0.432 (1.178)	1.541		
供给型融资约束					2.841*** (4.261)	3.128
性别	-0.409 (-0.742)	0.665	-0.766 (-1.469)	0.465	-0.430 (-0.779)	0.651
年龄	-0.008 (-0.014)	0.992	-0.288 (-0.531)	0.750	-0.628 (-1.087)	0.534
文化程度	0.117** (2.625)	1.889	-0.277 (-1.565)	1.758	0.186** (2.597)	1.830
经营主体类型	-0.137 (-0.451)	0.872	-0.090 (-0.326)	0.914	-0.255 (-0.861)	0.775
经营土地规模	-0.050 (-0.314)	0.952	-0.022 (-0.153)	0.978	-0.028 (-0.181)	0.972
家庭收入水平	-0.059* (-2.147)	0.943	-0.148 (-0.943)	0.862	-0.159** (-2.955)	0.853
保有农机价值	0.015 (0.313)	1.015	0.046 (1.030)	1.047	0.028 (0.571)	1.028

续表

变量名称	模型 10		模型 11		模型 12	
	回归系数	OR 值	回归系数	OR 值	回归系数	OR 值
预购置农机价值	0.596 *** （5.275）	1.815	0.437 *** （4.202）	1.547	0.518 *** （4.756）	1.679
了解的融资渠道	-0.310 *** （4.081）	0.879	-0.323 *** （3.082）	0.516	-0.294 *** （4.194）	0.886
对融资租赁认知	0.657 * （2.295）	1.928	1.062 * （2.201）	1.892	1.111 ** （2.680）	1.339
地域差异	0.377 （1.157）	1.458	0.520 （1.683）	1.682	0.105 （0.322）	1.111
似然比检验	$\chi^2(12)=474.681$， $p=0.000$		$\chi^2(12)=369.595$， $p=0.000$		$\chi^2(12)=447.199$， $p=0.000$	
McFadden R^2	0.521		0.406		0.491	

注：*、** 和 *** 分别表示在 10%、5% 和 1% 水平上表现显著，括号里面为 z 值。

以上的回归结果说明，当农户在农机投资过程当中受到融资约束，无法从正规的金融机构获得足额有效的信贷支持时，他们更倾向于需求一些新的融资途径。而农机融资租赁恰好能有效的缓解这种融资约束，所以受到融资约束的农户更愿意参与农机融资租赁业务。但是需求型融资约束和供给型融资约束有显著差异，需求型融资约束并不显著影响农户的融资租赁参与意愿，原因在于，需求型融资约束的主要原因来自农户的主观性，还有通过其他渠道获得资金的可能性，所以这并不是他们考虑是否选择农机融资租赁的因素。但是供给型融资约束主要源于金融机构的信贷配给约束，所以农户会选择新型的融资方式和渠道。

从其他方面来看，其中文化程度、家庭收入水平、预购置农机价值、对融资租赁认知对农户农机融资租赁参与意愿有显著影响。在基本回归中，文化程度回归系数值为 0.117，优势比 OR 值为 0.889，并且与农户农机融资

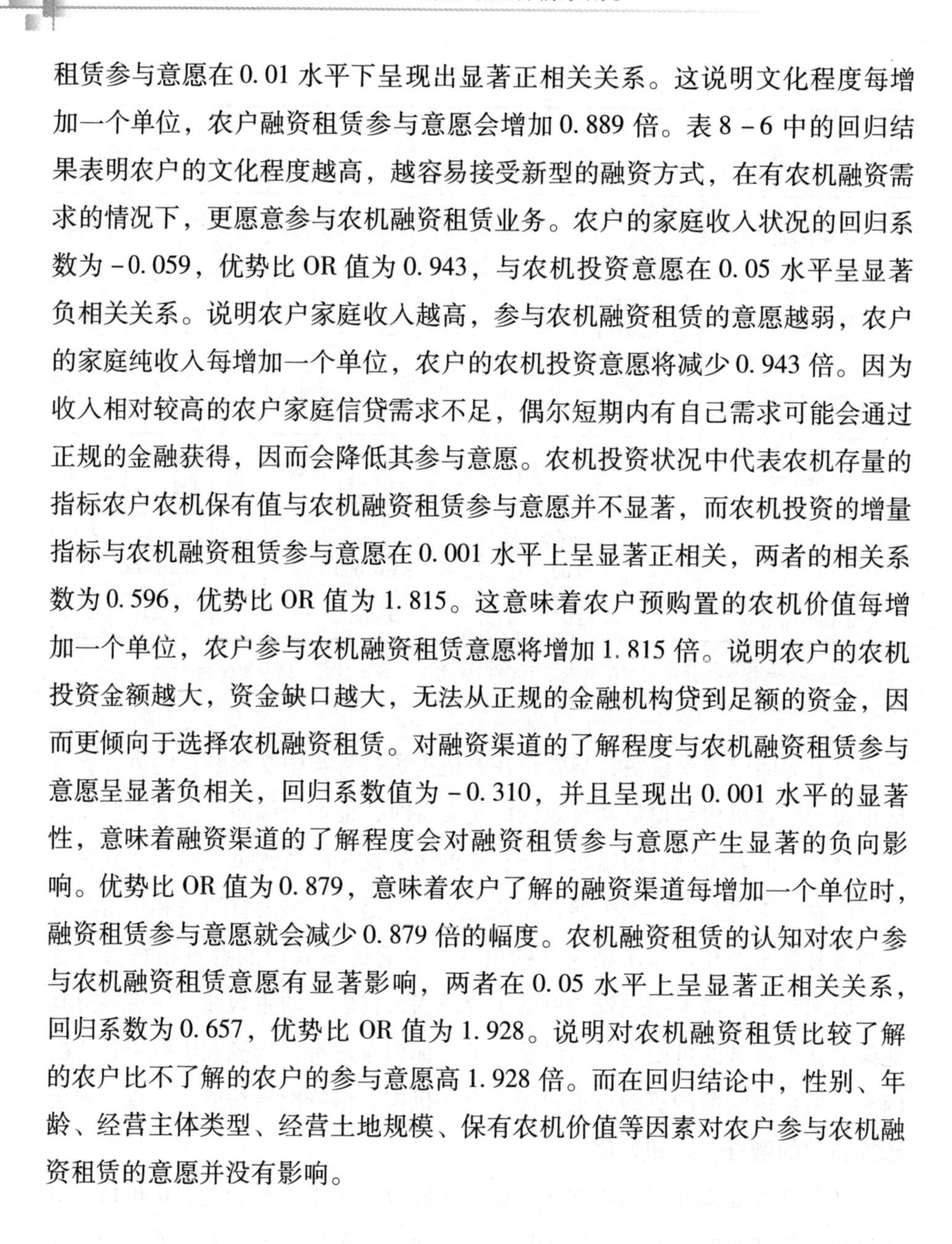

租赁参与意愿在0.01水平下呈现出显著正相关关系。这说明文化程度每增加一个单位，农户融资租赁参与意愿会增加0.889倍。表8-6中的回归结果表明农户的文化程度越高，越容易接受新型的融资方式，在有农机融资需求的情况下，更愿意参与农机融资租赁业务。农户的家庭收入状况的回归系数为-0.059，优势比OR值为0.943，与农机投资意愿在0.05水平呈显著负相关关系。说明农户家庭收入越高，参与农机融资租赁的意愿越弱，农户的家庭纯收入每增加一个单位，农户的农机投资意愿将减少0.943倍。因为收入相对较高的农户家庭信贷需求不足，偶尔短期内有自己需求可能会通过正规的金融获得，因而会降低其参与意愿。农机投资状况中代表农机存量的指标农户农机保有值与农机融资租赁参与意愿并不显著，而农机投资的增量指标与农机融资租赁参与意愿在0.001水平上呈显著正相关，两者的相关系数为0.596，优势比OR值为1.815。这意味着农户预购置的农机价值每增加一个单位，农户参与农机融资租赁意愿将增加1.815倍。说明农户的农机投资金额越大，资金缺口越大，无法从正规的金融机构贷到足额的资金，因而更倾向于选择农机融资租赁。对融资渠道的了解程度与农机融资租赁参与意愿呈显著负相关，回归系数值为-0.310，并且呈现出0.001水平的显著性，意味着融资渠道的了解程度会对融资租赁参与意愿产生显著的负向影响。优势比OR值为0.879，意味着农户了解的融资渠道每增加一个单位时，融资租赁参与意愿就会减少0.879倍的幅度。农机融资租赁的认知对农户参与农机融资租赁意愿有显著影响，两者在0.05水平上呈显著正相关关系，回归系数为0.657，优势比OR值为1.928。说明对农机融资租赁比较了解的农户比不了解的农户的参与意愿高1.928倍。而在回归结论中，性别、年龄、经营主体类型、经营土地规模、保有农机价值等因素对农户参与农机融资租赁的意愿并没有影响。

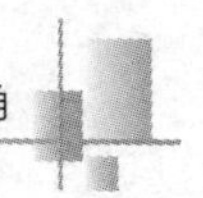

8.3.2　农机融资租赁选择偏好

8.3.2.1　模型有效性检验

本书运用STATA 16.0软件对随机参数Logit模型对实验数据进行估计。首先将方案属性变量作为随机变量构建模型1进行拟合，然后分别将农户的融资约束特征、个体特征、家庭经营特征、农机投资状况特征、金融认知状况特征加入模型构建模型14～模型18进行回归参数估计。结果如表8-7～表8-9所示。似然比检验的结果显示，模型1从总体上看拟合效果良好，其中费率水平、融资期限、抵押担保变量参数均在0.05的统计水平上高度显著，增值服务变量在0.05水平上显著，四个属性变量参数的符号均与预期相吻合。对模型14～模型18进行似然比检验原定假设为：是否放入某一个自变量与属性变量的交乘项两种情况时模型质量均一样，由表8-7～表8-9可知：回归结果显示拒绝原假设，即说明构建模型时，放入自变量与属性变量的交乘项具有有效性，似然比值Chi2与McFadden R^2 均说明模型拟合程度较好，模型构建有意义。

8.3.2.2　回归结果分析

由表8-7可知，农户对农机融资租赁业务方案各个属性的选择偏好不同，其中对无抵押担保的偏好最强，其次是较长的融资期限，对增值服务的偏好最低。而在给定的费率水平下，相对而言，农户更愿意为选择无抵押担保和融资期限较长的方案而适当承担一定的融资成本。首先，从费率水平来看，费用水平的系数为负，并且在0.05的水平上显著。这一结果说明费率水平提高会降低农户对农机融资租赁的偏好，农户在选择是否参与农机融资租赁的时候会更倾向于选择融资成本比较低的方案。这种选择偏好及其异质性来源于农户会先考虑将农机融资租赁的费率水平与正规金融机构贷款的利率水平进行比较。其次，从融资期限来看，融资期限的系数为正，并且在0.01的水平上显著。这一结果说明融资期限的延长会对农户农机融资租赁的选择偏好产生正效益。因为农户在融资过程中面临很大的一个问题就是正式信贷资金的贷款期限与农业生产经营不匹配，所以农户在考虑是否参与农机融资租赁业务时，融资期限长短是一个非常重要的属性，融资周期比较长的融资租赁方案更能提高农户参与农机融资租赁的参与效用。再次，从抵押担保来看，抵押担保属性的回归系数为负，并且在0.01的水平上显著，但是其绝对值最大，这也充分说明农户对于农机融资租赁选择最偏好的属性是无抵押担保要求，目前农村金融市场存在的最大的信贷配给问题就是因为农户无法提供合格的抵押物进而形成的供给型融资约束。从次，从增值服务来看，增值服务属性回归系数虽然也在0.05的水平上显著为正，但其实是四个属性中选择偏好最弱的，说明虽然农户也希望通过参与农机融资租赁获得额外的增值服务，但相对于其他三项属性，农户对于融资租赁公司是否能提供额外的增值服务偏好较弱。最后，替代常数项ASC的系数在5%水平上显著为负，说明实验设计的农机融资租赁业务方案对于受访农户有一定的参与兴趣，农户在农机投资过程中有融资需求的话，农机融资租赁业务对其非常有吸引力。

表8-7　　农机参与农机融资租赁选择偏好回归结果（1）

变量名称	模型13 农机融资租赁属性基本模型估计结果		模型14 考虑农户融资约束的模型估计结果	
	系数	标准误	系数	标准误
费率水平	-0.6401**	1.9167	-0.7353**	2.3167
融资期限	1.7042***	0.9733	1.5480***	1.2651
抵押担保	-2.9117***	1.2568	-2.5104***	1.3521
增值服务	0.5106**	1.2363	0.5012**	1.0241

续表

变量名称	模型13 农机融资租赁属性基本 模型估计结果		模型14 考虑农户融资约束的 模型估计结果	
	系数	标准误	系数	标准误
ACS	-0.7850**	0.1426	-0.5735**	0.2531
费率水平×融资约束			0.7042	2.4643
融资期限×融资约束			0.0640*	1.1577
抵押担保×融资约束			0.5106**	1.5098
增值服务×融资约束			0.3911	1.2958
似然比检验 Chi2	405.47		424.81	
Pseudo R^2	0.2531		0.2657	

注：*、** 和 *** 分别表示在10%、5%和1%水平上表现显著。

上述对模型13分析中发现农户对随机参数变量费率水平、融资期限、抵押担保、增值服务这四个变量的选择偏好存在异质性。为了进一步分析农户参与行为偏好异质性的来源，本书在模型1的基础上构建了模型2～模型6，分别引入农户融资约束状况、农户个人特征、家庭经营状况、农机投资状况、金融认知状况五个方面的具体变量和各属性的随机参数变量的交互项，具体结果见表8-8～表8-9。

表8-8　　　　农机参与农机融资租赁选择偏好回归结果（2）

变量名称	模型15 考虑农户个体特征的 模型估计结果		模型16 考虑家庭经营特征的 模型估计结果	
	系数	标准误	系数	标准误
费率水平	-0.8325**	1.9167	0.2307**	1.9167
融资期限	1.1731***	0.9733	-1.6784***	0.9733

续表

变量名称	模型15 考虑农户个体特征的 模型估计结果		模型16 考虑家庭经营特征的 模型估计结果	
	系数	标准误	系数	标准误
抵押担保	-2.5413***	1.2568	-2.9321***	1.2568
增值服务	0.4251**	1.2363	0.5379**	1.2363
ACS	-0.6458**	0.1426	-0.5614**	0.1426
费率水平×性别	1.4191	5.5293		
融资期限×性别	-0.1946	1.1631		
抵押担保×性别	-3.3696	6.3091		
增值服务×性别	4.9005	1.3041		
费率水平×年龄	0.1003	0.9942		
融资期限×年龄	-0.1832	0.1220		
抵押担保×年龄	0.5031	1.1596		
增值服务×年龄	-0.0484	1.1549		
费率水平×文化程度	3.6037	4.2935		
融资期限×文化程度	0.0537	0.1264		
抵押担保×文化程度	-0.1288	1.6648		
增值服务×文化程度	0.6144	1.6027		
费率水平×经营主体类型			-0.2101	1.9167
融资期限×经营主体类型			0.2906*	0.9733
抵押担保×经营主体类型			-1.2811	1.2568
增值服务×经营主体类型			0.7476	1.2363
费率水平×经营土地规模			0.1028	0.1426
融资期限×经营土地规模			-0.0481	1.9167
抵押担保×经营土地规模			0.5906	0.9733
增值服务×经营土地规模			-3.9117	1.2568

续表

变量名称	模型 15 考虑农户个体特征的 模型估计结果		模型 16 考虑家庭经营特征的 模型估计结果	
	系数	标准误	系数	标准误
费率水平 × 家庭收入状况			3. 3690	1. 2363
融资期限 × 家庭收入状况			0. 5768	0. 1426
抵押担保 × 家庭收入状况			-1. 4871 *	1. 9167
增值服务 × 家庭收入状况			0. 6401	0. 9733
似然比检验 Chi2	438. 407		416. 55	
McFadden R^2	0. 2736		0. 2599	

注：* 、** 和 *** 分别表示在 10%、5% 和 1% 水平上表现显著。

表 8-9　　农机参与农机融资租赁选择偏好回归结果（3）

变量名称	模型 11 考虑农机投资状况的 模型估计结果		模型 12 考虑金融认知状况的 模型估计结果	
	系数	标准误	系数	标准误
费率水平	-0. 5242 **	1. 5893	-0. 4291 ***	1. 7433
融资期限	1. 3620 ***	1. 1365	1. 6640 **	0. 2067
抵押担保	-2. 0192 ***	0. 7919	-2. 5933 ***	1. 7774
增值服务	0. 7436 **	0. 4318	0. 6962 **	0. 6106
ACS	-0. 2818 **	0. 1433	-0. 9945 **	1. 6106
费率水平 × 农机保有金额	-0. 2472	1. 8639		
融资期限 × 农机保有金额	0. 0159	0. 0349		
抵押担保 × 农机保有金额	0. 0648	0. 4761		
融资期限 × 农机保有金额	0. 0907	0. 4473		
费率水平 × 农机投资金额	0. 1376 *	1. 7576		
融资期限 × 农机投资金额	0. 0484 *	0. 0951		

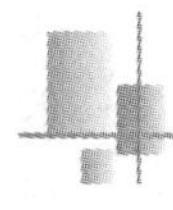

续表

变量名称	模型 11 考虑农机投资状况的 模型估计结果		模型 12 考虑金融认知状况的 模型估计结果	
	系数	标准误	系数	标准误
抵押担保×农机投资金额	-1.3063**	1.2395		
增值服务×农机投资金额	-0.3647	1.2094		
费率水平×融资渠道了解			-0.2342*	0.8662
融资期限×融资渠道了解			0.0513**	0.1247
抵押担保×融资渠道了解			-0.8325*	1.5205
增值服务×融资渠道了解			1.1756	1.5155
费率水平×融资租赁认知			0.5497	1.0151
融资期限×融资租赁认知			-0.2807	0.4524
抵押担保×融资租赁认知			1.5976	0.8045
增值服务×融资租赁认知			-1.0762	0.9902
似然比检验 Chi2	450.49		650.29	
McFadden R^2	0.2501		0.3822	

注：*、** 和 *** 分别表示在 10%、5% 和 1% 水平上表现显著。

模型 14 的回归结果显示农户是否受融资约束与融资期限和抵押担保的交乘项分别在 0.1 和 0.05 水平下显著，这表明农户是否受融资约束是其农机融资租赁参与偏好异质性的来源，受融资约束的农户更倾向于选择融资期限长的和无须抵押担保的农机融资租赁业务。

模型 15 的回归结果显示，农户性别、年龄、受教育程度这三个变量与各随机变量的交互项都不显著，说明农户的个人特征对参与农机融资租赁的选择偏好没有显著影响。农户个人特征不是其农机融资租赁参与偏好异质性的来源。

模型 16 回归结果显示，农户家庭经营特征当中仅有经营主体类型与融

资期限的交互项和家庭收入水平和抵押担保的交互项两个变量参数在0.1水平下显著，这表明经营主体类型和家庭收入水平是农户农机融资租赁参与偏好异质性的来源，经营主体类型主要影响融资期限偏好，相对于普通农户，种粮大户和新型经营主体类型更倾向于选择期限长的业务；而家庭收入水平是影响抵押担保属性异质性的来源之一，家庭收入水平对于抵押担保属性偏好具有负向影响，家庭收入水平越低，农户越倾向于选择无须担保的选择偏好。

模型17回归结果显示，农户的农机投资金额与费率水平、融资期限属性变量交乘项在0.1水平上显著，与抵押担保属性变量的交乘项在0.05水平上显著，变量系数分别为0.1376、0.0484、-1.3063。这说明农户的农机购置金额大小对农户参与农机融资租赁的选择偏好有显著影响，即购置的金额越大，其越倾向于选择费率相对较低、融资期限长、无须抵押担保的农机融资租赁方案，其中影响力度最大的是对抵押担保属性选择偏好，而农机保有金额并不会对选择偏好产生影响。

模型18回归结果显示，金融认知的两个因素中对于融资渠道了解与费率水平、抵押担保三个属性变量的交乘项均在0.1水平上显著，与融资期限的交乘项在0.05水平上显著，这表明是否了解融资渠道是农户农机融资租赁参与偏好异质性的来源。而其中对于融资租赁的认知与个体属性的交互项系数并不显著，这主要源于农机融资租赁作为一种新型的融资方式在农村的宣传推广还不够，样本中对融资租赁了解的个体太少，无法产生交互作用影响农户的选择偏好。

以上分析的回归结果只能说明农户参与农机融资租赁的意愿以及选择偏好，但是并不从定量的角度说明农户为获得优质的新型的融资业务服务愿意付出的代价，这并不能为政府相关部门以及相关的融资租赁公司开展推广这一业务提供决策支持，因此，要根据已算参数值来测算农户为获得优质的农机融资租赁服务缓解农机购置过程中融资约束的支付意愿。本书利用模型

13 的参数估计结果根据式（8－10）得到如下计算结果（见表 8－10）：

表 8－10　　　　农户对农机融资租赁业务选择偏好的支付意愿

属性名称	融资期限	抵押担保	增值服务
其他属性参数估计值	1.7042	2.9117	0.5106
费率水平参数估计值	0.6401	0.7325	0.7325
支付意愿	2.67	4.55	0.79

由表 8－10 可知，受访农户对与农机融资租赁不同的方面在支付意愿上存在差异性，对抵押担保的支付意愿最高，愿意为无须抵押担保的融资租赁业务多支付 4.55% 的年费率；融资期限，愿意为更长融资期限的融资租赁业务多支付 2.67% 的年费率；而对增值服务的支付意愿最低，仅愿意多支付 0.79% 的年费率。这个结论基本和实地调研的结论一致，缺乏有效的抵押担保以及融资期限太短是当前农户融资约束的主要原因。

8.4　本章小结

第 7 章研究认为融资约束是影响农户农机投资意愿和投资规模的重要影响因素。本章对金融市场上新型融资方式融资租赁在农机领域的应用进行探讨，从承租人视角探讨农户对农机融资租赁的认知及参与意愿，分析影响农户参与农机融资租赁关注的主要因素。首先从农户的融资行为理论进行文献回顾并对农机融资因素进行理论分析。其次在文献理论分析的基础上构建研究框架，构建有序 Logit 模型分析农户参与农机融资租赁的影响因素，通过选择实验模型研究农户对于农机融资租赁业务的认知程度以及选择偏好。最后应用前述的调研数据进行回归分析。对农户农机融资租赁参与意愿影响因素研究发现：总体融资约束和供给型融资约束对农户参与农机融资租赁的意

愿产生显著的正向影响，而需求型融资约束对农户农机融资租赁参与意愿的影响并不显著；从其他影响因素来看，其中文化程度、家庭收入水平、预购置农机价值、对融资租赁认知对农户农机融资租赁参与意愿有显著影响，而性别、年龄、经营主体类型、经营土地规模、保有农机价值等因素对农户参与农机融资租赁的意愿并没有影响。对农户农机融资租赁选择偏好研究发现：农户对融资租赁业务的费率水平、融资期限、抵押担保、增值服务四个方面选择偏好存在较大的差异性，其中抵押担保影响最大，其次是融资周期，最后是增值服务。而农户的一些固定特征也会交互影响其选择偏好，最后通过农户对不同属性的支付意愿测算，以期为下一步借助农机融资租赁缓解农机投资融资约束的对策研究提供依据，来达到破解农户农机投资融资约束、促进农业机械化发展的经济。

结论与建议

本书基于以积极开展农机融资租赁业务缓解农户农机投资融资约束为出发点，进而提高农业机械化水平，实现农业现代化愿景目标。随着金融服务乡村振兴战略的提出，创新金融产品和服务方式，服务乡村振兴多样化融资需求越来越得到党和国家政府的重视。为此，本书基于大量实地调研数据，从农户的微观视角探究农机融资租赁缓解农户农机投资过程中的融资约束的行动逻辑。从农户农机购置需求出发检验融资约束对农户农机投资行为的影响，同时识别农户对于农机融资租赁业务的选择偏好，并基于所得研究结论，提出促进农机融资租赁行业发展，缓解农机融资约束，促进农业机械化水平提高的政策建议。

9.1 研究结论

本书主要探讨两个核心问题，一是在识别融资约束的基础上，分析融资约束是否会影响农户的农机投资行为？影响投资意愿还是影响投资规模？二是基于农机投资融资约束的视角，分析农户对农机融资租赁参与意愿和选择偏好，即从承租者的视角分析农机融资租赁能否发挥作用以及影响其推广的主要因素是什么？基于对上述问题的探讨，本书得出如下几点研究结论。

9.1.1　农村农机融资需求旺盛，正规金融机构无法完全满足

通过对调研数据统计分析发现：目前农牧业机械保有率相对较高，总体呈现出“小多大少、种多收少、农多牧少”的特点。农机购置需求不仅来自新增需求，而且陈旧落后的小型农牧业机械更新换代有很大的市场空间，未来农机需求有大型化、智能化等趋势。农村家庭借款需求逐年增加，额度以小额为主。受限于金融机构还款期限要求，以一年期的短期借款为主，借款主要用于农业生产，重点是生产性支出；农村金融小额信贷需求可获得率较高，大额资金需求很难得到满足；农牧民自有财力无法满足购买大型农机具的资金需求，农机融资需求旺盛，农机经销商、农机厂商同样有融资需求。存在“小型农机无须融资，大型农机无处融资”现象。现有融资的金融机构渠道以农村信用社为主，农机融资困难在于贷款额度小、利率高、到账时间长和周期不灵活。

9.1.2　融资约束已经成为制约农户农机购置意愿和规模的重要因素

通过应用直接识别法，对于调研农户进行是否受融资约束识别发现：样本中有50%以上受到融资约束，其中大部分是受到供给型融资约束，也有部分农户受到需求型融资约束。而进一步进行定量测度发现名义上不存在融资约束的农户实际上也有资金缺口。通过实证检验发现农户是否受融资约束是影响农户农机购置意愿和购置规模的重要因素。其中需求型融资约束并不会影响农户农机投资意愿和投资规模，而供给型融资约束对农户农机投资意愿和投资规模均有显著影响。除了本书重点探讨的融资约束因素以外，年龄、受教育水平、经营主体类型、经营土地、家庭收入水平、农机保有值、地域差异均对农机投资意愿有显著影响。其中受教育水平、经营主体类型、经营土地、家庭收入水平与农机投资意愿呈正相关关系；年龄、农机保有值、地域差异呈负相关关系；而性别、是否接受过专业培训、家庭劳动力数、非农就业人数、农业补贴对农机投资意愿没有显著影响。就农户农机投资规模影响因素而言，年龄、经营主体类型、经营土地规模、家庭收入、农机保有值、农业补贴均对农机投资规模有显著影响。其中经营主体类型、经营土地规模、家庭收入水平、农机保有值、农业补贴五个因素与农机投资规模呈正相关关系；年龄与农机投资规模呈负相关关系；而性别、是否接受过专业培训、家庭劳动力数、非农就业人数、地域差异对农机投资规模没有显著影响。

9.1.3 农户农机融资租赁参与意愿和选择偏好受多重因素影响

融资租赁有效发挥作用的前提是所有参与主体能有效协作。基于承租人视角探讨农户对农机融资租赁的认知及参与意愿，分析影响农户参与农机融资租赁关注的主要因素。农机投资过程中受到融资约束是选择参与农机融资租赁的前提。除了农户的自身因素以外，更关注农机融资租赁业务的费率水平、融资期限、抵押担保、增值服务等方面的属性，其中抵押担保影响最大，其次是融资周期，最后是增值服务。而不同特征的农户对于这些属性的偏好也存在一定异质性，农户对不同属性的支付意愿也不同。对农户农机融资租赁参与意愿影响因素研究发现：总体融资约束和供给型融资约束对农户参与农机融资租赁的意愿产生显著的正向影响，而需求型融资约束对农户农机融资租赁参与意愿的影响并不显著；从其他影响因素来看，文化程度、家庭收入水平、预购置农机价值、对融资租赁认知对农户农机融资租赁参与意愿有显著影响，而性别、年龄、经营主体类型、经营土地规模、保有农机价值等因素对农户参与农机融资租赁的意愿并没有影响。对农户农机融资租赁选择偏好研究发现：农户对融资租赁业务的费率水平、融资期限、抵押担保、增值服务四个方面选择偏好存在较大的差异性，其中抵押担保影响最大，其次是融资周期，最后是增值服务。而农户的一些固定特征也会交互影响其选择偏好，通过农户对不同属性的支付意愿测算，所以要想推广农机融

资租赁业务，必须从农户的需求出发创新融资租赁模式。

9.2　政策建议

9.2.1　加大政府支农政策力度，破解农户农机购置需求的融资约束

关于政府对农业、农村、农民“三农”的支持政策主要体现在财政支农政策。研究发现目前农村金融市场的弱质性导致的融资约束是影响农户农机购置行为的重要因素。所以从财政政策支农的角度来说，国家要充分发挥财政资金的引导作用，完善利益引导机制，国家的财政补贴投入毕竟不能完全满足农村经济发展的需要，特别是像农机购置这样的大规模农业生产性投资的需要。而目前的财政支农转移支付大部分都是直接划拨给经营主体，没有充分发挥财政资金的引导作用，借助市场力量发展农村经济不足。目前经济下行压力较大，财政支农的力度受到了一定的限制，因而在农业机械化发展过程中，要不断完善财政资金的奖补机制，借助奖励政策、税收优惠政策、农业贷款担保、适度财政补助等多层次、全方位政策与社会资本相互配合，推动减轻农村金融市场融资约束，不再单纯依靠财政投入促进农业机械化，而要将财政支持的主导地位变成正确引导作用，变直接补贴为间接性支持，为农户购买农机提供资金支持，推动农业机械化发展。具体来看：第一，可以通过设立财政奖励性基金，补贴涉农金融机构，鼓励其增加支农、涉农资金的放贷额度，特别是要鼓励支持农户农机购置，促进农业机械化发展的放贷积极性。第二，政府可以拿出部分财政资金作为涉农金融风险担保基金或与社会资本协作成立涉农担保公司，为农户及农村新型经营主体的农机融资提供担保服务，解决农户农机融资缺乏有效抵押担保的问题，同时也能减轻涉农金融机构担心违约风险的后顾之忧。第三，设立农业保险奖励基金，提高涉农保险保费补贴比例，鼓励保险公司加强满足农业机械化生产的

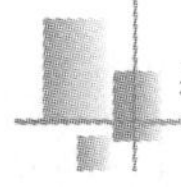

保险需求的涉农保险品种创新，通过提高农户的参保率来降低农村金融市场各参与主体的积极性。

9.2.2 加强新型金融模式宣传，提高农户农机融资租赁认知水平

农机融资租赁业务虽然在我国已经开展很多年，但农村金融市场的弱质性导致正规金融机构在农村金融市场存在严重的信贷配给，这给融资租赁提供了很大的发展空间。但是相较于其他行业，融资租赁在我国农机行业的渗透率还非常低。究其原因除了行业起步晚以外，还由于金融知识的缺乏，大部分农户都不了解一些新型金融创新模式，对于新型金融模式，广大农机租赁从业者的认知能力有限，宣传不到位是一个重要的原因。农机融资租赁面对的是广大农业生产者群体，这一群体的认识水平直接关系融资租赁商业模式的普及和推广。受制于广大农民的文化水平和市场经济意识，融资租赁这一在国内新兴的普惠金融模式，很难在短时期内为广大农民所理解和认知。特别是农民对生产工具强烈的占有意识使租赁模式不太受到欢迎。调研中发现，大部分农户有融资需求的时候能想到的只有农村信用社这一个借贷渠道。而对于有农机购置需求的农户，在介绍农机融资租赁业务的时候大部分都表现出有兴趣了解或考虑参与。所以在农村普及一些新型的金融知识对于促进农村金融市场繁荣发展，拓宽农户融资渠道非常必要。比如通过文化宣讲或者新闻媒体宣传典型案例，普及农机融资租赁的业务特点、优势及政策扶持措施，给农户提供多个融资方案，明确不同融资方案的优劣，供其需要时选择参考以备不时之需。除了涉农金融机构、融资租赁公司等企业自身的宣传推广以为，政府要将一些耳熟能详的真正涉农惠农的金融机构、融资租赁企业在农村做宣传推广，积极开展农机融资租赁市场上农机厂商、金融租赁公司与农户等个参与主体的供需对接。同时要对农户加强金融安全教育引导，因为农村金融安全风险防范意识薄弱，既要鼓励农户积极利用新型金融创新工具融资发展农业生产，又要防止一些“套路贷”在农村的渗透，使

农户陷入融资陷阱。

9.2.3 加快模式和服务方式创新，增强农机融资租赁的市场竞争力

目前来看，国内大部分开展农机融资租赁的企业，业务内容仅限于为农机购置者购买农机设备提供融资支持，其他业务类型没有大规模开展。业务类型单一，不利于租赁企业发挥总体竞争优势，为客户提供全方位的服务。农机融资租赁作为一项新型的金融服务要想被农村金融市场接受并有所发展，必须充分考虑现实需求。在拓展农机融资租赁业务市场的时候要深入重点农村地区，针对不同的地区、不同的经营主体深入开展市场需求实地调研，充分了解农户的农机购置需求以及融资方面存在的困难，更重要的是要了解农户诉求的选择偏好，为设计切合实际的农机融资租赁模式提供现实支撑。另外要积极寻求当地政府农机主管部门的支持并与当地知名的农机厂商或经销商开展业务合作，由农机厂商和经销商来提供有效的需求信息，实现对农机购置需求信息的有效收集，在实现互惠共赢的基础上推动农机供货方能对保值率较高的农业机械提供回购担保服务，解决农户缺乏抵押担保的问题，降低违约风险。在所有的业务属性里，承租者最关注的就是费率水平的高低，因而融资租赁公司要结合市场利率和提供的服务方案，按照保本微利原则合理确定费率水平，同时积极为农户争取政府的财政贴息等政府补助，缓解资金压力。因为这是决定农户是否接受农机融资租赁最主要的因素。融资期限的长短也是影响农户选择偏好的重要因素，因为农业生产的周期性和不确定性导致农户还款周期的不确定性，传统金融机构的农村信贷主要以短期为主。所以农机融资租赁还款周期要充分结合实际情况，制订弹性化、差异化还款周期方案，避免出现因为周期问题出现的违约状况。与传统金融机构融资相比，业务流程简便快捷是农机融资租赁的一大优势，所以要简化业务审核、合约签署、资金支付和农机交付等一系列的运作流程，在最短时间内完成业务提高效率，充分发挥这一优势。尤其对于一些金额不大的普通农

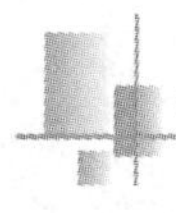

户的农机融资租赁服务，在条件允许的情况下可以省略流程一步到位。另外在创新融资租赁模式的同时要结合承租方的其他需求提供额外的涉农增值服务，比如协助申请农机购置补贴、提供农产品交易信息等，以此提升业务整体竞争力。

9.2.4 建立完善的风险防控体系，维护农机融资租赁各参与主体利益

农机融资租赁市场的健康发展要求必须兼顾各个参与主体的利益，对于承租方而言主要是融资成本和现实回报的问题，而对于融资租赁公司和农机厂商经销商可能会在收益和风险承担中予以权衡，农机融资租赁的费率水平也包括风险溢价，所以建立有效的风险防控体系不但可以降低承租方和供货方的风险承担水平提高参与经济性，同时也可以降低交易的费率水平。从企业的角度而言不但要切实了解当地的农业生产规模和农机购置需求以及信用水平，同时要根据农机融资租赁的业务特点建立健全自身的风险管理体系，能有效识别行业面临的各种风险，及时采取风险应对措施。现实中由于申请农机购置补贴的需要，融资租赁公司往往按照承租人要求购置农业机械而且以使用人的名义对农机进行登记，然后在租赁合同中明确所有权问题，这在法律上存在一定风险。因为国家相关部门已经明确农机融资租赁购置农机同样享受农机购置补贴，所以在合约中要明确所有权来规避纠纷。应用卫星定位等科技手段对租赁的农机实施监测，并针对可能出现的异常情况及时制定有效的风险应对预案。由于农业生产经营的天然弱质性，农机融资租赁业务面临较高的信用违约风险、交易成本等，这也是农机融资租赁发展不畅的主要原因。而在农机融资租赁业务中引入保险公司，能充分利用保险的保障功能，促进出租方和承租方的参与积极性。加大推广农机融资租赁保险的覆盖面，让每个参与主体对这一类的保险有一个正确的认知，了解此类保险的必要性和强大保障力。同时，鼓励保险公司要健全并完善农业保险保障与赔付

体系，积极开展农机保险业务，降低由于自然灾害、农产品滞销、农机事故、经营失败等原因导致的农户不能按时偿付租金的违约风险，以此作为出租方的基本保障。同时可以进一步扩大农业保险覆盖面，推出农机基础设施保险、二手农机转让保险等新型产品促进农机融资租赁市场的发展。

9.2.5　营造良好农村金融生态环境，引导农机融资租赁行业健康发展

营造良好农村金融生态环境是金融支持“三农”可持续发展的重要前提，也是解决农业机械化发展融资约束的外部条件。具体而言农村金融生态环境包括经济环境、法治环境、政策环境、信用环境等方面，而农机融资租赁业务的有效开展也需要良好的农村金融生态环境支撑。目前对于农机融资租赁发展的最大障碍就是农村金融市场的信用问题，虽然调研中发现以往农户发生借贷违约的情况非常低，但是相对于农业生产经营的不稳定性，由于不可抗力导致的农机购置的大额资金违约情况也时常会发生。特别是由于农机融资租赁市场上参与主体的信息不对称加剧了违约风险。虽然农机融资租赁合约中明确了出租方，但是作为出租方的农机融资租赁公司对农机的处置权依然有限。所以营造良好的农村信用环境推动农机融资租赁快速发展显得尤为重要。首先要在农村营造良好的信用环境，要积极向农民宣传个人征信的重要性。政府相关部门可以通过建档立卡建立农户信用评级体系和信用数据库，为融资租赁公司提供农户的相关征信信息以供参考，降低其进行相关信用调查的交易成本。其次要加强农村金融市场的法治环境建设，农机融资租赁业务作为新型的金融创新工具，在实践执行中还存在很多模糊地带，无论是承租方还是出租方难免有些人会打“擦边球”，对于承租方出现恶意违约违法的行为要依法处理。另外对于融资租赁公司加强金融监管的同时，要进一步完善金融监管方面的法律制度，防止出现多头监管混乱现象。国家要充分考虑农机融资租赁公司的特殊性，允许达到不同监管部门市场准入条件

的企业灵活选择企业性质，根据自身条件作出最有利于公司的选择，提高农机融资租赁公司积极性。对于一些农村金融纠纷案件在审理程序、规范执法等方面给与足够的重视。防止由于法治环境缺陷影响融资租赁公司的积极性。进一步完善农村金融法治建设，让法治建设为农村金融健康发展保驾护航，为农机融资租赁行业的健康发展营造良好发展环境。

参考文献

[1] 曹光乔、周力、易中懿、张宗毅、韩喜秋：《农业机械购置补贴对农户购机行为的影响——基于江苏省水稻种植业的实证分析》，载《中国农村经济》2010年第6期。

[2] 曹建新、陈佳：《融资租赁规模影响因素研究——基于面板数据固定效应模型分析》，载《商业会计》2012年第21期。

[3] 曹磊：《以融资租赁推进农业机械装备发展的对策探讨》，载《南方农机》2017年第12期。

[4] 曹瓅、罗剑朝：《基于农户收入异质性视角的产权抵押融资约束分析——以陕西、宁夏两省区为例》，载《统计与信息论坛》2015年第10期。

[5] 曹阳、胡继亮：《中国土地家庭承包制度下的农业机械化——基于中国17省（区、市）的调查数据》，载《中国农村经济》2010年第10期。

[6] 陈芳：《贫困地区农户融资需求与融资能力——基于有序选择模型的实证分析》，载《南方金融》2016年第7期。

[7] 陈广华、张子亮：《论不动产融资租赁物的范围》，载《财会月刊》2021年第1期。

[8] 陈鹏、刘锡良：《中国农户融资选择意愿研究——来自10省2万

家农户借贷调查的证据》，载《金融研究》2011 年第 7 期。

[9] 陈鹏：《中国农户金融的微观行为结构研究》，西南财经大学 2011 年论文。

[10] 陈淑玲：《农地经营权抵押融资的实施效果及对供需主体行为影响研究》，东北农业大学 2019 年论文。

[11] 陈旭、杨印生、魏思琳：《基于向后逐步回归模型的我国农机需求特征及影响因素研究》，载《数理统计与管理》2017 年第 5 期。

[12] 程郁、韩俊、罗丹：《供给配给与需求压抑交互影响下的正规信贷约束：来自 1874 户农户需求行为考察》，载《世界经济》2009 年第 5 期。

[13] 戴善彪：《关于农机具融资租赁模式的分析》，载《南方农机》2019 年第 15 期。

[14] 邓小东：《创业农户供给型信贷约束的成因及破解研究》，西南大学 2020 年论文。

[15] 董晓林、徐虹：《我国农村金融排斥影响因素的实证分析——基于县域金融机构网点分布的视角》，载《金融研究》2012 年第 9 期。

[16] 杜静粉：《农户生物资产抵押融资意愿影响因素实证研究》，西北农林科技大学 2014 年论文。

[17] 段亚莉、何万丽、黄耀明、朱虎良：《中国农业机械化发展区域差异性研究》，载《西北农林科技大学学报（自然科学版）》2011 年第 6 期。

[18] 方师乐、史新杰、高叙文：《非农就业、农机投资和农机服务利用》，载《南京农业大学学报（社会科学版）》2020 年第 1 期。

[19] 方师乐、卫龙宝、伍骏骞：《农业机械化的空间溢出效应及其分布规律——农机跨区服务的视角》，载《管理世界》2017 年第 11 期。

[20] 冯建英、穆维松、张领先、傅泽田：《基于消费者购买意愿的农

机市场需求分析》，载《商业研究》2008 年第 2 期。

[21] 冯荣华：《武威市农业机械装备现状与推广对策研究》，兰州大学 2018 年论文。

[22] 冯曰欣、刘砚平：《我国融资租赁业发展现状及策略研究》，载《东岳论丛》2016 年第 3 期。

[23] 付华、李萍：《农业机械化发展对粮食生产的影响——基于机械异质性和区域异质性的分析》，载《财经科学》2020 年第 12 期。

[24] 甘宇：《中国农户融资能力的影响因素：融资渠道的差异》，载《经济与管理评论》2017 年第 2 期。

[25] 甘宇：《中国农户生产性投资面临的融资约束研究》，载《金融理论与实践》2016 年第 2 期。

[26] 高玉强：《农机购置补贴与财政支农支出的传导机制有效性——基于省际面板数据的经验分析》，载《财贸经济》2010 年第 4 期。

[27] 关海玲、武祯妮、李燕玲：《财政分权、政府支出行为与城乡收入差距》，载《哈尔滨商业大学学报（社会科学版）》2019 年第 6 期。

[28] 郭敏、屈艳芳：《农户投资行为实证研究》，载《经济研究》2002 年第 6 期。

[29] 郭兴平：《农村金融市场均衡理论及对中国的启示》，载《农村金融研究》2010 年第 12 期。

[30] 郭毅、姜萌萌：《融资租赁渗透率的影响因素研究》，载《工业技术经济》2020 年第 8 期。

[31] 韩喜艳、刘伟、高志峰：《小农户参与农业全产业链的选择偏好及其异质性来源——基于选择实验法的分析》，载《中国农村观察》2020 年第 2 期。

[32] 韩旭东、刘爽、王若男、郑风田：《农业保险对家庭经营收入的影响效果——基于全国三类农户调查的实证分析》，载《农业现代化研究》

2020 年第 6 期。

[33] 何冠文、陈伟强、张雁、王杰:《农机融资租赁税收政策分析——以厂商租赁为视角》,载《农业经济》2019 年第 12 期。

[34] 何广文:《中国农村金融转型与金融机构多元化》,载《中国农村观察》2004 年第 2 期。

[35] 何明生、帅旭:《融资约束下的农户信贷需求及其缺口研究》,载《金融研究》2008 年第 7 期。

[36] 何小川、陈晓明、李国祥:《农户的需求型与供给型信贷约束及其影响因素分析——基于对 3 省 33 个村 538 户农户的实证检验》,载《农村金融研究》2015 年第 6 期。

[37] 何在中:《土地确权背景下的农地流转对农户农业投资行为影响研究》,南京农业大学 2018 年论文。

[38] 何政道、何瑞银:《农业机械总动力及其影响因素的时间序列分析——以江苏省为例》,载《中国农机化》2010 年第 1 期。

[39] 贺莎莎:《农户借贷行为及其影响因素分析——以湖南省花岩溪村为例》,载《中国农村观察》2008 年第 1 期。

[40] 洪建国:《农户土地资本投入行为研究》,华中农业大学 2010 年论文。

[41] 洪自同:《农机购置补贴政策实施效果研究》,福建农林大学 2012 年论文。

[42] 洪自同、郑金贵:《农业机械购置补贴政策对农户粮食生产行为的影响——基于福建的实证分析》,载《农业技术经济》2012 年第 11 期。

[43] 侯方安:《农业机械化推进机制的影响因素分析及政策启示——兼论耕地细碎化经营方式对农业机械化的影响》,载《中国农村观察》2008 年第 5 期。

[44] 侯英:《我国西部地区农户金融合作行为研究》,西北大学 2014

年论文。

［45］胡佳、杨运忠:《财政分权及地方政府支出行为对城乡收入差距的影响》，载《华东经济管理》2019年第11期。

［46］胡俊:《融资租赁与农业产业化发展》，山东大学2016年论文。

［47］胡凌啸:《劳动力价格、经营规模与农民机械化需求及选择研究》，南京农业大学2017年论文。

［48］胡姗姗:《我国农业融资租赁服务发展研究》，长江大学2016年论文。

［49］胡士华、李伟毅:《信息结构、贷款技术与农户融资结构术——基于农户调查数据的实证研究》，载《管理世界》2011年第7期。

［50］黄凰、恽竹恬、张丽娜、吴昭雄、叶春、何华荣、陈兴鑫:《农业机械购买和租赁特征与管理决策方法研究》，载《中国农机化学报》2019年第5期。

［51］黄希源、邹树林、朱祖襄:《农户投资行为的系统考察》，载《农业经济问题》1988年第4期。

［52］黄祖辉、刘西川、程恩江:《中国农户的信贷需求：生产性抑或消费性——方法比较与实证分析》，载《管理世界》2007年第3期。

［53］纪月清、王亚楠、钟甫宁:《我国农户农机需求及其结构研究——基于省级层面数据的探讨》，载《农业技术经济》2013年第7期。

［54］贾澎、张攀峰、陈池波:《基于农业产业化视角的农户融资行为分析——河南省农民金融需求的调查》，载《财经问题研究》2011年第2期。

［55］江泽林:《农业机械化经济运行分析》，中国社会科学出版社2015年版。

［56］蒋例利:《新型农业经营主体供给型融资约束形成机理及其破解研究》，西南大学2017年论文。

[57] 焦娜:《地权安全性会改变农户投资行为吗——基于 CHARLS2011 和 2013 年数据的实证研究》,载《农业技术经济》2018 年第 9 期。

[58] 孔祥智、孙陶生:《不同类型农户投资行为的比较分析》,载《经济经纬》1998 年第 3 期。

[59] 孔祥智、张琛、张效榕:《要素禀赋变化与农业资本有机构成提高——对 1978 年以来中国农业发展路径的解释》,载《管理世界》2018 年第 10 期。

[60] 孔祥智、周振、路玉彬:《我国农业机械化道路探索与政策建议》,载《经济纵横》2015 年第 7 期。

[61] 匡兵、胡碧霞、韩璟、周敏:《乡村振兴战略背景下我国农业机械投入强度差异与极化研究》,载《中国农业资源与区划》2020 年第 5 期。

[62] 来明敏:《我国企业融资租赁影响因素的实证研究——基于 logisti 分 c 析》,载《财会通讯(学术版)》2005 年第 7 期。

[63] 李虹韦、钟涨宝:《农地经营规模对农户农机服务需求的影响——基于资产专用性差异的农机服务类型比较》,载《农村经济》2020 年第 2 期。

[64] 李明贤、刘程滔:《当前我国农户融资需求的特点及其面临的融资约束分析》,载《理论导刊》2015 年第 9 期。

[65] 李明贤、刘程滔:《农户融资约束的文献综述》,载《东北农业大学学报(社会科学版)》2015 年第 1 期。

[66] 李农、万祎:《我国农机购置补贴的宏观政策效应研究》,载《农业经济问题》2010 年第 12 期。

[67] 李卫:《区域格局划分与农业机械化发展不平衡定量研究》,西北农林科技大学 2015 年论文。

[68] 李岩、赵翠霞、兰庆高:《农户正规供给型信贷约束现状及影响因素———基于农村信用社实证数据分析》,载《农业经济问题》2013 年第 10 期。

[69] 李炎：《农业机械化发展视角下的金融支农促进农民增收的效应研究》，东北农业大学2019年论文。

[70] 梁杰、高强：《不同规模农户信贷约束类型及其影响因素实证分析——基于720个农户微观调查数据》，载《暨南学报（哲学社会科学版）》2020年第6期。

[71] 廖乔芊、李明贤：《农户融资约束的后果分析》，载《商业经济》2016年第11期。

[72] 林万龙、孙翠清：《农业机械私人投资的影响因素：基于省级层面数据的探讨》，载《中国农村经济》2007年第9期。

[73] 林毅夫：《制度技术与中国农业发展》，上海三联书店，上海人民出版社2005年版。

[74] 刘承芳：《农户生产性投资行为研究———江苏省的实证研究》，中国农业科学院2001年论文。

[75] 刘程滔：《农户面临的融资约束问题研究》，湖南农业大学2016年论文。

[76] 刘国斌，方圆. 吉林省率先实现农业现代化发展研究 [J/OL]. 农业现代化研究：1 - 9 [2021 - 02 - 09]. https: //doi. org/10. 13872/j. 1000 - 0275. 2021. 0019.

[77] 刘珏：《S农机融资租赁公司发展战略研究》，华中科技大学2016年论文。

[78] 刘佩军：《中国东北地区农业机械化发展研究》，吉林大学2007年论文。

[79] 刘同山：《农业机械化、非农就业与农民的承包地退出意愿》，载《中国人口·资源与环境》2016年第6期。

[80] 刘西川：《贫困地区农户的信贷需求与信贷约束》，浙江大学2007年论文。

[81] 刘玉梅、田志宏：《农户收入水平对农机装备需求的影响分析——以河北省和山东省为例》，载《中国农村经济》2009 年第 12 期。

[82] 刘子阳：《我国上市公司融资租赁决策影响因素分析》，南京大学 2020 年论文。

[83] 柳凌韵、周宏：《正规金融约束、规模农地流入与农机长期投资——基于水稻种植规模农户的数据调查》，载《农业经济问题》2017 年第 9 期。

[84] 卢现祥、徐俊武：《中国共享式经济增长实证研究——基于公共支出、部门效应和政府治理的分析》，载《财经研究》2012 年第 1 期。

[85] 吕太科：《我国农业机械装备融资租赁发展问题研究》，山东财经大学 2015 年论文。

[86] 吕炜、张晓颖、王伟同：《农机具购置补贴、农业生产效率与农村劳动力转移》，载《中国农村经济》2015 年第 8 期。

[87] 罗小锋、刘清民：《我国农业机械化与农业现代化协调发展研究》，载《中州学刊》2010 年第 2 期。

[88] 马广、陈宏金：《基于农机化投入影响因素的灰关联分析》，载《浙江大学学报（农业与生命科学版）》2005 年第 6 期。

[89] 马燕妮、霍学喜：《专业化农户正规信贷需求特征及其决定因素分析——基于不同规模专业化苹果种植户的对比视角》，载《农业技术经济》2017 年第 8 期。

[90] 毛璐：《我国东部地区上市公司融资租赁决策影响因素研究》，浙江大学 2019 年论文。

[91] 潘高翥：《农机服务组织对农业机械化的影响研究》，华中师范大学 2019 年论文。

[92] 朋文欢、黄祖辉：《契约安排、农户选择偏好及其实证——基于选择实验法的研究》，载《浙江大学学报（人文社会科学版）》2017 年第 4 期。

[93] 钱玉奇、王宏宇、李慧卿、汤梦妍：《现代农业背景下农机融资租赁模式的实践与应用——基于临沂与合肥的实证分析》，载《河南农业》2016年第33期。

[94] 邱楚翘、彭媛媛、周月书、王丽颖：《农业产业化背景下的农户融资行为及影响因素——基于江苏泰州与南通农户的调查》，载《江苏农业科学》2015年第4期。

[95] 沈明高：《信贷约束与农户融资》，载《数字财富》2004年第11期。

[96] 盛光华、庞英、张志远：《农户小额信用贷款道德风险的随机监管博弈分析》，载《中国农村观察》2014年第6期。

[97] 史清华、余舒婷：《沿海发达地区农户借贷行为及其影响因素分析》，载《经济问题》2020年第12期。

[98] 舒尔茨：《改造传统农业》，商务印书馆1987年版。

[99] 宋全云、吴雨、钱龙：《存款准备金率与中小企业贷款成本——基于某地级市中小企业信贷数据的实证研究》，载《金融研究》2016年第10期。

[100] 宋鑫洲：《农业现代化发展过程中金融借贷资金缺口分析》，北京外国语大学2019年论文。

[101] 孙颖、林万龙：《市场化进程中社会资本对农户融资的影响——来自CHIPS的证据》，载《农业技术经济》2013年第4期。

[102] 田鑫：《拓展融资租赁的租赁物范围》，载《中国金融》2020年第23期。

[103] 童庆蒙、何德华、代立、万佳玮、王舒劼：《欠发达地区影响农民购买农机决策因素的实证分析》，载《湖南农业科学》2012年第15期。

[104] 王德成：《我国农业机械化发展经济效应的研究》，中国农业大学2005年论文。

[105] 王定祥、田庆刚、李伶俐、王小华：《贫困型农户信贷需求与信

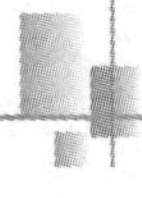

贷行为实证研究》，载《金融研究》2011 年第 5 期。

[106] 王芳：《我国农村金融需求与农村金融制度：一个理论框架》，载《金融研究》2005 年第 4 期。

[107] 王冀宁、陈庭强：《基于信号传递博弈的融资租赁市场均衡分析》，载《金融理论与实践》2010 年第 1 期。

[108] 王家梁：《BJYX 融资租赁公司农业机械直租业务案例分析》，河北金融学院 2019 年论文。

[109] 王蕾：《基于交易成本视角的农户农机投资影响因素研究》，西南大学 2014 年论文。

[110] 王若男、杨慧莲、韩旭东、郑风田：《合作社信贷约束：需求型还是供给型？——基于双变量 Probit 模型的分析》，载《农业现代化研究》2019 年第 5 期。

[111] 王新利、赵琨：《黑龙江省农业机械化水平对农业经济增长的影响研究》，载《农业技术经济》2014 年第 6 期。

[112] 王彦东、乔光华、祁晓慧：《农业现代化视阈下农户参与农机融资租赁意愿分析——基于内蒙古 12 个旗县的 592 户样本的分析》，载《经济研究参考》2017 年第 52 期。

[113] 王原雪：《以融资租赁推进农业机械装备发展的对策研究》，中国海洋大学 2012 年论文。

[114] 魏昊、李芸、吕开宇、武玉环：《粮食种植户风险态度对信贷约束效果的影响——基于四省农户调查的实证分析》，载《农林经济管理学报》2016 年第 4 期。

[115] 魏昊、夏英、李芸、吕开宇、王海英：《信贷需求抑制对农户耕地质量提升型农业技术采用的影响——基于农户分化的调节效应分析》，载《资源科学》2020 年第 2 期。

[116] 吴浩、杨钢桥：《影响农户农业机械投入意愿的实证研究——基于

江汉平原和洞庭湖平原的农户调查》，载《湖北农业科学》2011年第6期。

[117] 吴雨、宋全云、尹志超：《农户正规信贷获得和信贷渠道偏好分析——基于金融知识水平和受教育水平视角的解释》，载《中国农村经济》2016年第5期。

[118] 吴昭雄：《农业机械化投资行为与效益研究》，华中农业大学2013年论文。

[119] 吴昭雄、王红玲、胡动刚、汪伟平：《农户农业机械化投资行为研究——以湖北省为例》，载《农业技术经济》2013年第6期。

[120] 伍骏骞、方师乐、李谷成、徐广彤：《中国农业机械化发展水平对粮食产量的空间溢出效应分析——基于跨区作业的视角》，载《中国农村经济》2017年第6期。

[121] 谢丽霜：《西部欠发达地区农户融资需求分析与政策选择——基于对广西罗城、田阳、靖西县的调查》，载《改革与战略》2007年第2期。

[122] 谢平、徐忠：《公共财政、金融支农与农村金融改革——基于贵州省及其样本县的调查分析》，载《经济研究》2006年第4期。

[123] 辛翔飞、秦富：《影响农户投资行为因素的实证分析》，载《农业经济问题》2005年第10期。

[124] 徐涛、倪琪、乔丹、姚柳杨、赵敏娟：《农村居民流域生态治理参与意愿的距离效应——以石羊河流域为例》，载《资源科学》2020年第7期。

[125] 薛超、史雪阳、周宏：《农业机械化对种植业全要素生产率提升的影响路径研究》，载《农业技术经济》2020年第10期。

[126] 杨皓月、李庆华、孙会敏、杨公元：《金融支持农业机械化发展的路径选择研究——基于31省（区、市）面板数据的实证分析》，载《中国农机化学报》2020年第12期。

[127] 杨昆：《物联网技术在农机融资租赁风险管理中的应用》，安徽

财经大学2014年论文。

[128] 杨敏丽、白人朴：《中国农业机械化发展的不平衡性研究》，载《农业机械学报》2005年第9期。

[129] 杨楠：《农民专业合作社信用互助参与主体行为研究》，山东农业大学2019年论文。

[130] 杨汝岱、陈斌开、朱诗娥：《基于社会网络视角的农户民间借贷需求行为研究》，载《经济研究》2011年第11期。

[131] 杨婷怡、罗剑朝：《农户参与农村产权抵押融资意愿及其影响因素实证分析——以陕西高陵县和宁夏同心县919个样本农户为例》，载《中国农村经济》2014年第4期。

[132] 姚成胜、胡宇、黄琳：《江西省农业现代化发展水平综合评价及其推进路径与区域模式选择》，载《中国农业资源与区划》2020年第5期。

[133] 叶慧敏：《农户面临的融资约束及影响因素分析——基于湖南省7县236户农户的调查》，载《安徽农业大学学报（社会科学版）》2020年第2期。

[134] 尹志超、马双：《信贷需求、信贷约束和新创小微企业》，载《经济学报》2016年第3期。

[135] 庸晖、罗剑朝：《农户选择农村产权抵押融资行为的影响因素研究——基于不同贷款选择的对比分析》，载《广东农业科学》2014年第21期。

[136] 于淼：《基于收入质量的农户正规信贷约束影响因素研究》，西北农林科技大学2015年论文。

[137] 袁延文：《坚持农业农村优先发展，因地制宜推进农业现代化》，载《湖南社会科学》2021年第1期。

[138] 翟印礼、白冬艳：《影响农户对农机消费的因素分析》，载《农业经济》2004年第4期。

[139] 翟照艳、王家传、韩宏华：《中国农户投融资行为的实证分析》，载《经济问题探索》2005年第4期。

[140] 张标、张领先、傅泽田、王洁琼：《农户农机需求及购买行为分析——基于18省的微观调查数据实证》，载《中国农业大学学报》2017年第11期。

[141] 张杰：《农户、国家与中国农贷制度：一个长期视角》，载《金融研究》2005年第2期。

[142] 张洁：《融资租赁发展存在的问题及对策》，载《财会通讯》2016年第23期。

[143] 张露、罗必良：《小农生产如何融入现代农业发展轨道？——来自中国小麦主产区的经验证据》，载《经济研究》2018年第12期。

[144] 张明哲：《政府补贴与融资租赁技术结合在农机推广中的应用研究》，载《安徽农业科学》2009年第20期。

[145] 张三峰、王非、贾愚：《信用评级对农户融资渠道选择意愿的影响——基于10省（区）农户信贷调查数据的分析》，载《中国农村经济》2013年第7期。

[146] 张晓泉、赵闰、石研研：《农户农机购买意愿影响因素的实证分析——以新疆、安徽、山西以及江苏四省为例》，载《中国农机化》2012年第6期。

[147] 张扬：《农村中小企业融资行为研究》，中国农业科学院2010年论文。

[148] 张峣：《知识产权可融资租赁的适格性及制度回应》，载《学习论坛》2020年第11期。

[149] 张应良、高静、张建峰：《创业农户正规金融信贷约束研究——基于939份农户创业调查的实证分析》，载《农业技术经济》2015年第1期。

[150] 赵广志：《我国农机融资租赁问题的研究》，天津财经大学2015

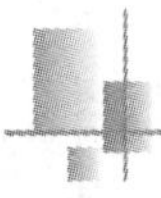

年论文。

[151] 赵珑璐:《制造业上市公司融资租赁融资倾向影响因素研究》,暨南大学2014年论文。

[152] 钟春平、孙焕民、徐长生:《信贷约束、信贷需求与农户借贷行为:安徽的经验证据》,载《金融研究》2010年第11期。

[153] 周婕:《美国农业企业化发展进程、经验及对中国的借鉴》,载《世界农业》2020年第6期。

[154] 周晶、陈玉萍、阮冬燕:《地形条件对农业机械化发展区域不平衡的影响——基于湖北省县级面板数据的实证分析》,载《中国农村经济》2013年第9期。

[155] 周凯、史燕平:《我国融资租赁业快速发展的驱动因素研究——基于设备投资与融资需求视角的分析》,载《上海经济研究》2016年第9期。

[156] 周晓时:《农户农业机械使用的生产效应研究》,华中农业大学2019年论文。

[157] 周杨:《新型农业经营主体信贷需求和信贷约束研究》,辽宁大学2017年论文。

[158] 周月书、孙冰辰、彭媛媛:《规模农户加入合作社对正规信贷约束的影响——基于社会资本的视角》,载《南京农业大学学报(社会科学版)》2019年第4期。

[159] 周振、孔祥智:《农业机械化对我国粮食产出的效果评价与政策方向》,载《中国软科学》2019年第4期。

[160] 周振、孔祥智:《中国农业机械化与农业现代化:阶段、效果与展望》,载《农业经济学刊》2016年第1期。

[161] 周振、孔祥智:《中国“四化”协调发展格局及其影响因素研究——基于农业现代化视角》,载《中国软科学》2015年第10期。

[162] 周振、张琛、彭超、孔祥智:《农业机械化与农民收入:来自农

机具购置补贴政策的证据》，载《中国农村经济》2016 年第 2 期。

［163］朱宝、何婧：《地方政府与农户农业投资行为关系研究——基于我国“一带一路”沿线省份的经验数据》，载《农业技术经济》2017 年第 12 期。

［164］朱桂丽、洪名勇：《市场参与、非农就业与农户农业机械采用行为——基于西藏 532 户青稞种植户的调查》，载《农业现代化研究》2021 年第 2 期。

［165］朱少洪：《农户信贷约束实证研究》，福建农林大学 2010 年论文。

［166］朱志猛：《黑龙江省农机购置补贴政策实施与优化研究》，东北农业大学 2013 年论文。

［167］祝华军：《农业机械化与农业劳动力转移的协调性研究》，载《农业现代化研究》2005 年第 3 期。

［168］祝华军、田志宏、韩鲁佳、汪懋华：《农业机械化发展对财政投入的依存度研究》，载《农业工程学报》2007 年第 3 期。

［169］卓昊：《融资租赁与农业产业化研究》，武汉轻工大学 2018 年论文。

［170］邹建国：《农业供应链金融缓解农户信贷约束研究》，湖南农业大学 2019 年论文。

［171］Abebe K.，Dahl D. C.，Olson K. D. The Demand for Farm Machinery［Z］. University of Minnesota，1989.

［172］Akram M W，Akram N，Wang H，et al. Sociol economics Determinants to Adopt Agricultural Machinery for Sustainable Organic Farming in Pakistan：A Multinomial Probit Model［J］. Sustainability，2020（12）：1 –15.

［173］Allen N，Berger，Gregory F，Udell. Relationship Lending and Lines of Credit in Small Firm Finance［J］. Journal of Business. 1995，68（3）：351 –381.

[174] Amembal S P. The Handbook of equipment leasing [M]. Amembal & Halladay: International Lease Educators & Consultants, 1988.

[175] Audsley E, Wheeler J. The annual cost of machinery calculated using actual cash flows [J]. Journal of Agricultural Engineering Research, 1978, 23 (2): 189 -201.

[176] Baltensperger Ernst, Milde Hellmuth. Predictability of Reserve Demand, Information Costs, and Portfolio Behavior of Commercial Banks [J]. The Journal of Finance, 1976, 31 (6): 835 -843.

[177] Barham B. L. S. Boucher and M. R. Carter. Credit Constraints, Credit Uniona and Small scale Producers in Guatemala [J]. Wold development, 1996, 24 (5): 793 -806.

[178] Bender D A, Kline D E, Mccarl B A. Postoptimal linear programming analysis of farm machinery [J]. Transactions of the ASAE 1990 Vol. 33 No. 1 pp. 15 -20, 1990, 33 (1): 15 -20.

[179] Benin, Samuel. Impact of Ghana's agricultural mechanization services center program [J]. Agricultural Economics, 2016, 46 (S1): 103 -117.

[180] Berger N Allen, Anthony Saunders, Joseph M, Sclise, Gregory F, Udell. The effects of bank mergers and acquisitions on small business lending [J]. Journal of Financial Economics. 1998 (50): 187 -229.

[181] Binswanger H . Agricultural Mechanization: A Comparative Historical Perspective [J]. World Bank Research Observer, 1986, 1 (1): 27 -56.

[182] Boucher S. C. Guirkinger and C. Trivelli. Direct Eliitation of Credit Constraints: Conceptual and Practical Issues with an Empirical Application to Peruvian Agric-ulture. American Agricultural Economics Association Annual Meeting. Providence, Rhode Island: 2005.

[183] Boucher S R, Carter M R, Guirkinger C. Risk Rationing and Wealth

Effects in Credit Markets [J]. American Journal of Agricultural Economics, 2008, 90 (2): 409-423.

[184] Browning M, Lusardi A. Household Saving: Micro Theories and Micro Facts [J]. Department of Economics Working Papers, 1995.

[185] Carnarena E. A., Gracia C., Cabrera Sixto J. M.. A Mixed Integer Linear Programming Machinery Selection Model of Multifarm Systems [J]. Biosysetms Engineering, 2003, 87 (2): 145-154.

[186] Claudio Gonzalez Vega. Deepening Rural Financial Markets: Macroeconomic, Policy and Political Dimensions. http: //www. aede. osu. edu/Programs/Rural/Finance/PDF20 Docs/Pubhcati-ons/BASIS/woccu. pdf.

[187] Dale W. Jorgenson. Surplus Agricultural Labour and the Development of a Dual Economy [J]. Oxford Economic Papers, 1967, 19 (3): 251-278.

[188] David, Norman. Pingali, Prabhu, Yves Bigot, and Hans P. Binswanger. Agricultural Mechanization and the Evolution of Farming Systems in Sub-Saharan Africa. Baltimore MD: Johns Hopkins University Press, 1988, 70 (2): 498-499.

[189] Deelen L, Bonsu K O, Programme S F. Equipment finance for small contractors in public work programmes [J]. Ilo Working Papers, 2002.

[190] Feder G, Lau L J, Luo L X. The Relationship between Credit and Productivity in Chinese Agriculture: A Microeconomics Model of Disequilibrium [J]. American Journal of Agricultural Economics, 1990, 72 (5): 1151-1157.

[191] Fox Karl A. Discussion: Theory and Techniques for Integrated Area Planning [J]. Journal of Farm Economics, 1966, 48 (5): 249-259.

[192] George, Mawuli, Akpandjar, et al. Demand for financial services by households in Ghana [J]. International Journal of Social Economics, 2013, 40 (5): 439-457.

[193] Gertler, Gilchrist. Monetary Policy, Business Cycles, and the Behavior of Small Manufacturing Firms [J]. The Quarterly Journal of Economics. 1994, 109 (2): 309 - 340.

[194] Ghorbani M, Darijani A. Investigation of factors affecting on farmers investment in agricultural machinery: application of two-stage Heckman's method [J]. Journal of Agricultural Sciences & Natural Resources, 2009.

[195] Graham R. C. Diffusion during Depression: The Adoption of the Tractor by Illinois Farmers [J]. Business and Economic History, 1985 (14): 215 - 222.

[196] Griliches Z. Measuring Inputs in Agriculture: A Critical Survey [J]. American Journal of Agricultural Economics, 1960, 42 (5): 1411 - 1427.

[197] Gunjal, Kisan R., Earlo. Heady. Economic Analysis of U. S. Farm Mechanization [R]. The Center for Agricultural and Rural Development, Iowa State University, 1983.

[198] Hans Binswanger. Agricultural Mechanization: A Comparative Historical Perspective [J]. The World Bank Research Observer, 1986.

[199] Havers, Mark. Microenterprise and small business leasing-lessons from Pakistan [J]. Small Enterprise Development, 1999, 10 (3): 44 - 51.

[200] Heady Luther G. Tweeten. Resource Demand and Structure of Agricultural Industry [M]. Ames: Iowa State University Press, 1963.

[201] Helmut, Bester. The role of collateral in credit markets with imperfect information [J]. European Economic Review, 1987, 21 (6): 877 - 899.

[202] Herdt A R W. Farm Mechanization in a Semiclosed Input - Output Model: The Philippines [J]. American Journal of Agricultural Economics, 1983, 65 (3): 516 - 525.

[203] James Roumasset Ganesh Thapa. Explaining tractorization in Nepal:

An alternative to the 'consequences approach' [J]. Journal of Development Economics, 1983 (6): 377 -395.

[204] Janes J Heckman, "Sample Selection Bias as a Specification Error", Econometrica, 1979, 47 (7).

[205] Jannnot Ph, Caiorl D. Linear Programming as An Aid to Decision-making of Investment in Farm Equipment Forarable Farms [J]. Agricultural Engineering Research, 1994 (59): 173 -179.

[206] Jorgenson D W. Surplus Agricultural Labour and the Development of a Dual Economy [J]. Oxford Economic Papers, 1967, 19 (3): 288 -312.

[207] J. Rayner, Keith Cowling. Demand for Farm Tractors in the United States and the United Kingdom [J]. American Journal of Agricultural Economics, 1968, 50 (4): 331 -245.

[208] Kerr J . Price policy, irreversible investment, and the scale of agricultural mechanization in Egypt [J]. Research in Middle East Economics, 2003 (5): 161 -185.

[209] K. J. Lancastcr, A New Approach to Consumer Theory, Journal of Political Economy, 1966, 74 (2): 1320 -1357.

[210] Kline D. E. , Bender D. A. , McCarl B. A. , Van Donge C. E. Machinery Selection Using Expert Systems and Linear Programming [J]. Computers and Electronics in Agriculture, 1988 (3): 45 -61.

[211] Mayada, M, Baydas, et al. Discrimination against women in formal credit markets: Reality or rhetoric? [J]. World Development, 1994, 22 (7): 1073 -1082.

[212] Mccarl B A, Kline D E, Bender D A . Improving on Shadow Price Information for Identifying Critical Farm Machinery [J]. American Journal of Agricultural Economics, 1990, 72 (3): 582 -588.

[213] McKinnon, R. and Shaw, E. Financial Deepening in Economic Development. Brookings Institution, Washington DC, 1973.

[214] Milde Baltensperger H. Predictability of Reserve Demand, Information Costs, and Portfolio Behavior of Commercial Banks [J]. The Journal of Finance, 1976, 31 (3): 835 -843.

[215] Mottaleb K A, Krupnik T J, Erenstein O. Factors associated with small-scale agricultural machinery adoption in Bangladesh: Census findings [J]. Elsevier Sponsored Documents, 2016, 46.

[216] Musshoff O, Hirschauer N . A behavioral economic analysis of bounded rationality in farm financing decisions: First empirical evidence [J]. Agricultural Finance Review, 2011, 71 (1): 62 -83.

[217] Nevitt P K . Equipment Leasing, 4th Edition [J]. Quantitative Finance, 2000.

[218] Nkakini S O, Ayotamuno M J, Ogaji S O T, et al. Farm mechanization leading to more effective energy-utilizations for cassava and yam cultivations in Rivers State, Nigeria [J]. Applied Energy, 2006, 83 (11): 1317 -1325.

[219] Peek J, Rosengren E. Bank consolidation and small business lending: it's not just bank size that matters [J]. Journal of Banking an Finance. 1998, 22: 6 -8.

[220] Peter. K. Nevitt, Frank. J. Fabozzi. The Handbook of equipment leasing [M]. Institute of America, 1995: 13 -15.

[221] Pingali P. Agricultural Mechanization: Adoption Patterns and Economic Impact [J]. Handbook of Agricultural Economics, 2007, 3.

[222] Pischke V, Donald D W, Gordon. Rural financial markets in developing countries : their use and abuse [J]. Edi, 2010, 3 (4): 634.

[223] Prior M J . A Method for estimating the demand for agricultural ma-

chinery in the UK [J]. Journal of Agricultural Economics, 1987, 38 (2): 281 -288.

[224] Shaw, E. S. Financial Deepening in Economic Development. Oxford University Press, New York, 1973.

[225] Sial, Maqbool, H, et al. Financial market efficiency in an agrarian economy: Microeconometric analysis of the Pakistani [J]. Journal of Development Studies, 1996, 32 (5): 771 -771.

[226] S. O. Nkakini and B. V. Eguruze. Farm tractor utilization pattern for varlous agricultural operations [J]. Journal of Agricultural Engineering and Technology, 2009. 17: 33 -45.

[227] Stiglitz J, Weiss A. Credit Rationing in Markets With Imperfect Information [J]. American Economic Review. 1981, 17 (3): 393 -410.

[228] Ullah M W, Anad S . Current status, constraints and potentiality of agricultural mechanization in Fiji [J]. Ama Agricultural Mechanization in Asia Africa & Latin America, 2007, 38 (1): 39 -45.

[229] Usha T. Role of prices and technology in changing factor proportions : a case study of wheat and paddy farms in Punjab and Haryana [J] Agricultural Situation in India, 1992, 47 (3): 201 -203.

[230] Weston R B J F. Railroad Equipment Financing [J]. Journal of Finance, 1960, 15 (3): 431.

[231] Whette H C. Collateral in Credit Rationing in Markets with Imperfect Information [J]. American Economic Review. 1983, 73: 442 -445.

[232] Whitson, R. E, Scifres, C. J. Federal cost sharing-the economic necessity for mesquite control by ranch firms in Texas [J]. Journal of the American Society of Farm Managers & Rural Appraisers, 1980.

[233] Wingate Hill, R, Danh, HQ. A Discounted Cash Flow Programme

for Agricultural Mac-hinery Investment Decisions [C]. Institution of Engineers, Australia, 1978.

[234] Zeldes S P. Consumption and Liquidity Constraints: An Empirical Investigation [J]. Journal of Political Economy, 1989, 97 (2): 305-346.

[235] Zeller, M. Determinants of Credit Rationing: A Study of Informal Lenders and Form-al Credit Groups in Madagascar. World Development, 1994 (22): 1895-1907.

附件：

调查问卷

编号：

调查地：内蒙古______市（盟）______县（旗）______乡镇（苏木）______村（嘎查）。

受访者：姓名：__________；电话/手机：__________。

调查者：姓名：__________。

调查日期：______年______月______日。

经营主体类型：[1] 个体农户；[2] 种粮大户；[3] 农民专业合作社；[4] 家庭农场；[5] 其他______。

A. 基本信息

户主/负责人信息：

A1. 年龄______岁。

A2. 性别______[1] 男；[2] 女。

A3. 受教育水平________[1] 小学及以下；[2] 初中；[3] 高中（中专/技校）；[4] 大专及以上。

A4. 是否是或曾经担任村干部________[1] 现在是；[2] 曾经是；[3] 否。

A5. 主要经营范围，请依次列出前三位：①________；②________；③________。

[1] 种植业；[2] 养殖业；[3] 农机农技服务；[4] 农产品购销、加

工；[5] 其他（请说明）______。

A6. 经营土地______亩，其中转入土地______亩，年租金______元/亩（如粮食请换算），圈舍厂房等设施用地______平方米。

A7. 生产的产品是如何销售，请依次列出前三位：①______________；②______________；③______________。

[1] 商贩来收购；[2] 加工企业收购；[3] 合作社/协会组织销售；[4] 自己到市场上销售；[5] 网络电商平台；[6] 直送超市；[7] 消费者订购或采摘；[8] 其他（请说明）______。

A8. 是否有工商注册______ [1] 有，注册资本______万元；[2] 否。

A9. 是否联结农户______ [1] 是，共______户；[2] 否。

A10. 你在经营发展中面临的主要问题是__________（多选题，选 3 个以内）。

[1] 资金；[2] 技术信息；[3] 产品销售；[4] 生产用地；[5] 各项费用；[6] 人才；[7] 行政干预；[8] 其他（请说明）______。

B. 生产经营情况

B1. 您家的家庭人数共______人，其中劳动力______人，包括务农______人，经商______人，外出打工______人。

家庭成员	与户主关系	性别	年龄	民族	受教育程度	工作	工作地点	工作年限	是否受过有关农业技术培训
家庭成员 1									
家庭成员 2									
家庭成员 3									
家庭成员 4									
家庭成员 5									

备注：受教育程度：[1] 小学及以下；[2] 初中；[3] 高中/中专/技校；[4] 大专及以上。

B2. 土地规模和流转情况。

年份	土地面积（亩）	灌溉面积（亩）	自有面积（亩）	租入面积（亩）	租入价格（元/亩·年）	租入时间（起止时间）	租出面积（亩）	租出价格（元/亩·年）	租出时间（起止时间）
2016									
2017									
2018									

B3. 种植/养殖结构及规模。

年份	种植业					养殖业				
	作物种类	面积（亩）	产量（斤）	销售量（斤）	销售价格（元）	牲畜类型	存栏数量（头只）	出栏数量（头只）	销售量（头只）	销售价格（元）
2016										
2017										
2018										

B4. 近3年的收入情况（单位：元）。

收入类别	2016年	2017年	2018年
种植业收入			
01 粮食作物种植毛收入			
02 经济作物种植毛收入			
03 饲料作物种植毛收入			
养殖业收入			
04 养殖业毛收入			
经营性收入			
05 工商营业收入			
财产性收入			
06 房屋土地农机出售或租赁收入			
务工收入			
07 务工收入			
农业补贴			
08 基础设施配套补贴			
09 农机租赁或购买补贴			
10 粮食直接补贴			
11 良种补贴			
12 农业生产资料综合补贴			
13 生态奖励补助			
14 种公牛（羊）补贴			
15 农业保险保费补贴			
16 农业保险理赔			
其他补贴			
17 其他（包括低保、教育、医疗等）			

B5. 近 3 年的生产性投资和支出情况（单位：元）。

类别		2016 年	2017 年	2018 年
固定投资	01 生产设备或机具购置			
	02 生产用房修建（畜舍、厂房、仓库等）			
	03 生产设施改造（大棚、灌溉、土地整理等）			
生产性支出	04 种苗			
	05 种畜禽			
	06 饲料			
	07 草料			
	08 兽药/防疫			
	09 农药			
	10 化肥			
	11 农膜、套袋等			
	12 人工费/雇员工资			
	13 土地租用			
	14 房屋租用			
	15 农机设备租用			
	16 水/电/燃料费			
其他支出	17 农业保险保费			
	18 税费			
	19 其他（请说明）			

C. 金融借贷行为

C1. 过去 3 年是否借过款__________。

［1］有（转到 C3）；［2］没有。

C2. 没有借款的主要原因是__________。

[1] 不需要。[2] 申请过但是没借到，原因是________①信用不够；②没有担保；③没有抵押物；④没有关系；⑤其他，请注明__________。[3] 有需求但是没申请，原因是个人认为__________①利率太高；②信用不够；③没有担保抵押物；④程序烦琐；⑤没有关系贷不下款；⑥其他，请注明______。

C3. 过去 3 年借款信息登记表（从最近的一笔开始）：

次数	借贷时间（年．月）	借款渠道	借款金额（万元）	抵押担保	借款周期（月）	利率年息（%）	其他开支（元）	到账时间（天）	主要用途	其中农业生产
1										
2										
3										
4										
5										

借款渠道：[1] 亲戚朋友；[2] 信用社或农商行；[3] 邮政储蓄；[4] 农业银行；[5] 村镇银行；[6] 地方商业银行；[7] 小额贷款公司；[8] 其他贷款机构；[9] 资金互助社；[10] 民间借贷；[11] 其他（表中空格处说明）

抵押担保：[1] 是；[2] 否。

主要用途：[1] 农业生产；[2] 批发零售；[3] 农产品加工；[4] 工程或运输；[5] 家庭消费；[6] 其他（请在表中空格处说明）。

如果选 [1]，其中用于农业生产：[1] 农业基础设施或生产用房；[2] 农业生产性支出（农资饲料购买、雇佣工资、土地租金等）；[3] 农产品仓储或销售；[4] 农机购置或租赁；[5] 引进新技术或新品种；[6] 其他（表中空格处说明）。

C4. 是否能从正规金融机构足额获得资金______［1］是；［2］否。

C5. 为何选择非正规金融机构融资______［1］非正规融资机构方便快捷。［2］申请过正规融资没有获批，原因是______①信用不够；②没有担保；③没有抵押物；④没有关系；⑤其他，请注明______。

C6. 请问您有到期未还款的情况吗______。

［1］有；未还款原因主要是__________________。

［2］没有。

C7. 在今后一到两年内，是否有借贷的需要__________。

［1］是；［2］否（跳转至C7）。

C8. 主要是哪些方面的需要：

借贷需求	预期借款用途	其中农业生产分类	预期借款渠道	期望借款金额（万元）	期望借款周期（月）	可接受年利率范围（?%～?%）
1						
2						
3						

预期借款用途：［1］农业生产；［2］批发零售；［3］农产品加工；［4］工程或运输；［5］家庭消费；［6］其他（请在表中空格处说明）。

如果选［1］，其中用于农业生产：［1］农业基础设施或生产用房；［2］农业生产性支出（农资饲料购买、雇佣工资、土地租金等）；［3］农机购置或租赁；［4］引进新技术或新品种；［5］其他（表中空格处说明）。

预期借款渠道：［1］亲戚朋友；［2］信用社或农商行；［3］邮政储蓄；［4］农业银行；［5］村镇银行；［6］小额贷款公司；［7］其他贷款机构；［8］地方商业银行；［9］资金互助社；［10］民间借贷；［11］其他（表中空格处说明）。

C9. 如果有支农贷款需求，您知道的融资渠道有哪些？（请注明）__________。

C10. 在未来的生产生活中，您希望金融机构提供何种服务？

D. 农机投资行为

D1. 农机保有情况。

种类（标注出类别）	品牌	型号/马力	数量（台）	原值（元）	购买时间	最长使用期限（年）

备注：农机分类标准：[1] 耕耘机械；[2] 播种机械；[3] 收获机械；[4] 排灌机械；[5] 免耕机械；[6] 粮食加工机械；[7] 动力机械；[8] 其他（表中空格处说明）。

牧机分类标准：[1] 草原建设机械；[2] 牧草收贮机械；[3] 饲草料加工机械；[4] 畜禽养殖机械；[5] 畜产品采集与初加工设备；[6] 疫情防治机械；[7] 运输装置；[8] 其他（表中空格处说明）。

D2. 未来农机投资情况。

未来两年您是否有农机购置计划（　　）[1] 是（请填写具体购置计划）；[2] 否。

种类 （标注出类别）	品牌	型号/马力	数量（台）	价格（元）

备注：农机分类标准：［1］耕耘机械；［2］播种机械；［3］收获机械；［4］排灌机械；［5］免耕机械；［6］粮食加工机械；［7］动力机械；［8］其他（表中空格处说明）。

牧机分类标准：［1］草原建设机械；［2］牧草收贮机械；［3］饲草料加工机械；［4］畜禽养殖机械；［5］畜产品采集与初加工设备；［6］疫情防治机械；［7］运输装置；［8］其他（表中空格处说明）。

D3. 您认为近五年来农业生产方式是否发生了变化？如何变化？未来会有怎样的发展趋势？还存在哪些阻碍农业现代化发展的因素？

E. 农机融资租赁行为

E1. 您现在已有的农机设备，资金是怎么解决的：

［1］全额购买；［2］通过借款购买。（跳转至 E2）

E2. 过去 3 年农机购买借款信息登记表（从最近的一笔开始）：

借贷次数	借贷时间（年．月）	借款渠道	借款金额（万元）	抵押担保	借款周期（月）	利率年息（%）	其他开支（元）	到账时间（天）
1								
2								
3								
4								
5								

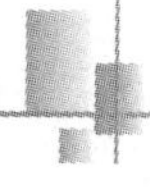

借款渠道：[1] 亲戚朋友；[2] 信用社或农商行；[3] 邮政储蓄；[4] 农业银行；[5] 村镇银行；[6] 小额贷款公司；[7] 地方商业银行；[8] 资金互助社；[9] 第三方融资租赁公司（如宜信）；[10] 农机厂商；[11] 民间借贷；[12] 其他（表中空格处说明）。

E3. 向金融机构借款购买农机时有哪些问题，依次列出前三位：①______；②______；③______。

[1] 贷款金额小；[2] 贷款周期不灵活；[3] 贷款利率高；[4] 到账时间长；[5] 服务态度差；[6] 贷款流程复杂；[7] 信用评估方式不合理；[8] 担保要求过高；[9] 金融产品单一；[10] 其他（请注明）____________。

E4. 在选择金融机构借款购买农机时最看重的因素是（　　）。

[1] 融资额度；[2] 时效性；[3] 融资成本；[4] 担保；[5] 机构知名度/口碑；[6] 服务质量；[7] 资金获得的条件要求；[8] 其他（请注明）____________。

E5. 如有贷款购买农机需求，你会倾向选择哪一家金融机构？（请注明）____________。

E6. 您是否了解农机融资租赁业务（　　）。

[1] 是；[2] 否。

E7. 您购置农机时是否愿意选择农机融资租赁方式（　　）。

[1] 非常不愿意；[2] 很不愿意；[3] 一般；[4] 很愿意；[5] 非常愿意。

E8. 如果有下列一些农机融资租赁备选方案，您购置农机时是倾向选择哪一种方案（请从每一个选择集当中勾选您最愿意接受的方案）。

选择集一

属性	选项 1	选项 2	选项 3
融资期限	1 年	3 年	都不选
抵押担保	不需要	需要	
增值服务	不提供	不提供	
费率水平	12%	15%	
您的选择	（　）	（　）	（　）

注：请在括号中画“√”。

选择集二

属性	选项 1	选项 2	选项 3
融资期限	3 年	5 年	都不选
抵押担保	不需要	需要	
增值服务	提供	不提供	
费率水平	15%	20%	
您的选择	（　）	（　）	（　）

注：请在括号中画“√”。

选择集三

属性	选项 1	选项 2	选项 3
融资期限	3 年	5 年	都不选
抵押担保	需要	不需要	
增值服务	提供	提供	
费率水平	12%	15%	
您的选择	（　）	（　）	（　）

注：请在括号中画“√”。

选择集四

属性	选项 1	选项 2	选项 3
融资期限	1 年	3 年	都不选
抵押担保	需要	不需要	
增值服务	提供	提供	
费率水平	12%	20%	
您的选择	（ ）	（ ）	（ ）

注：请在括号中画“√”。

选择集五

属性	选项 1	选项 2	选项 3
融资期限	1 年	5 年	都不选
抵押担保	需要	需要	
增值服务	提供	不提供	
费率水平	12%	20%	
您的选择	（ ）	（ ）	（ ）

注：请在括号中画“√”。

选择集六

属性	选项 1	选项 2	选项 3
融资期限	1 年	3 年	都不选
抵押担保	不需要	不需要	
增值服务	不提供	提供	
费率水平	15%	20%	
您的选择	（ ）	（ ）	（ ）

注：请在括号中画“√”。

后 记

本书是在我的博士论文的基础上进一步修改完善而成的。

在本书成稿之前就开始酝酿后记，但时至今日一切已时过境迁、物是人非。想起本科毕业时在图书馆一字一句写下来再去网吧打印成电子版的毕业论文就聚焦了家乡的农业经济可持续发展，那也是读研究生后发表的第一篇学术论文。硕士研究生毕业后阴差阳错从事了会计、审计教学科研工作，这些年在专业领域兜兜转转最后还是坚持了初心，选择了回到原点再出发。博士生涯是短暂而又漫长的六年时光，短暂是因为自己依然觉得没有充裕的时间去好好地完成自己的学业，漫长是因为在这六年发生了许多事情，工作、生活、还有容颜都发生了很大变化，有遗憾也有收获，有人到来也有人离开……书稿出版之际感慨良多，但最想表达的还是感激之情。

首先要感谢的就是我的导师乔光华教授。从博士报考阶段的跌跌撞撞入门，到上课学习阶段的需学习工作兼顾，再到学位论文写作过程的一波三折，无不体现乔老师对我的包容与厚爱。虽然由于工作原因见面交流不多，但是每一次和导师的沟通都会使自己豁然开朗，尤其是在论文写作过程中，乔老师多次给了我不破不立的勇气。另外乔老师严谨的治学态度以及对学生慈父般和蔼可亲和无微不至的关怀是我未来从教生涯的楷模。工作后再起求学之意为生能遇乔老师的提携指导，实属人生一大幸事，本书也是我与恩师乔光华教授共同合作完成的成果。

感谢求学期间给予我众诸多帮助的各位老师。感谢授课教师刘秀梅教授、乌云花教授、周杰副教授、张春梅等老师在课堂上的传道解惑；感谢赵元凤教授、张心灵教授、杜富林教授、田艳丽教授、盖志毅教授、李兴旺教授、赵海东教授在论文开题和答辩过程中的启迪和不吝赐教；感谢我的硕士研究生导师李相合教授对我工作、学业上的关怀；感谢经管院研办王瑞霞老师能在我每次给她工作拖后腿的时候不厌其烦的帮助。

感谢在论文写作过程中给予我帮助的各位同学、学生、同事和朋友。感谢同门裴杰师弟在文献收集整理过程中给予的帮助；感谢同事张占军老师和我的研究生杨佳丽、周雪菲、杜金涛、张真、国婷婷、许晓硕、张智尧等同学在数据调研、整理和文稿校对等工作中的辛苦付出；感谢祁晓慧师姐在本书写作和出版过程中给予的帮助；感谢参与初次调研的各位老师和同学以及给予项目资助的宜信租赁公司。同时也感谢在读博期间给予我工作上的理解和支持的会计学院的各位领导和同事。

当然最应该感谢的是我的家人。虽然没有异地求学，但是本书的顺利成稿和博士的顺利毕业，很大一部分要归功于他们。也许是巧合也可能是天意，大儿子出生我考上了博士，小儿子出生我完成了毕业论文。这些年过得最辛苦的是我的妻子，从我考上博士那一天起她就以爱之名承担了家里所有家务，她支持我的工作、学业，我所有的事都是她最重要的事，还要照顾大萌、二萌两个宝贝儿子，把儿子培养得健康阳光、乖巧懂事。同时作为白衣天使，事业心较强的她在工作上又不甘人后努力上进，这几年家里家外的操劳但从不抱怨，在我论文止步不前的时候还时常安慰我，鼓励我，我这六年的读博时间在她身上留下岁月的痕迹更多。所以每当我论文写作坚持不下去的时候就会想：你不能让一个和你租房结婚的人赌注一生幸福投资的潜力股砸在手里，再难的坎也得一起迈过去。还要感谢对我们这个小家无私奉献的父母和岳父岳母。自从大萌出生母亲就毫无怨言地帮照顾孩子，一待就是六个年头，而父亲又得在老家照顾更年迈的爷爷奶奶，老两口常年聚少离多。

刚熬出头的时候二萌又降生了，为了让我安心写论文，岳父岳母也克服身体抱恙的困难千里迢迢来帮忙照顾孩子。在父母面前我是个不善言辞表达情感的儿子，这些年除了让他们在村里感到一点荣光别的无以为报。我毕业了，孩子长大了，只希望时光能慢一些走，未来他们健健康康多享受几年儿孙绕膝的时光。书稿固然不够完美，但是这些年写的最好的文章是和睦家庭中贤惠的妻子、健康的父母和两个活泼可爱的宝贝儿子，谨以此书献给他们！

另外，本书的出版受内蒙古社会科学联合会后期资助项目和内蒙古畜牧业经济研究基地的资助，感谢内蒙古社会科学联合会和内蒙古畜牧业经济研究基地的大力支持。同时也对为本书顺利出版付出辛劳的经济科学出版社庞丽佳编辑以及其他工作人员表示感谢。

封笔之时，愿生命中出现的每个人都幸福、快乐、安康！愿我们生活的世界没有纷争变得更加美好！